絵と文

西岡直樹
nishioka naoki

とっておき インド花綴り

contents

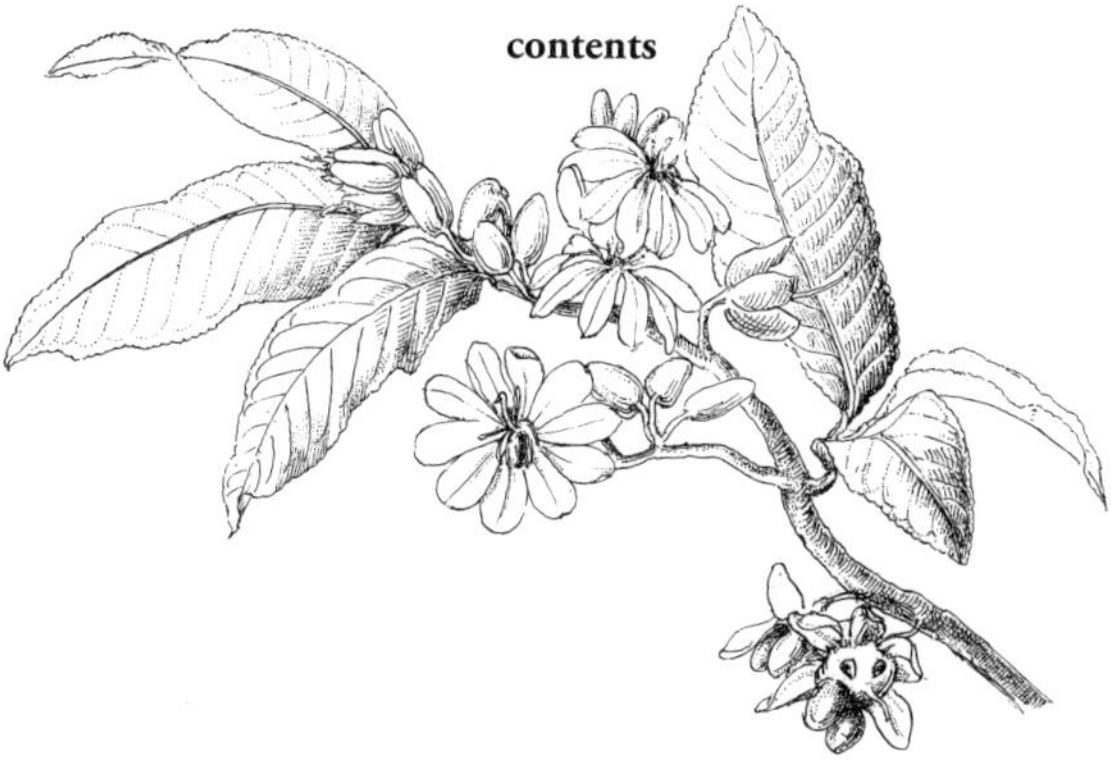

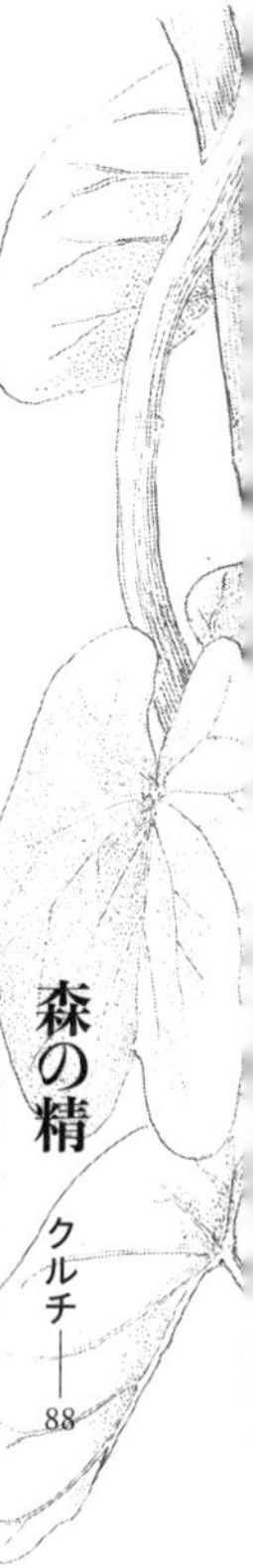

●図版ページの略号は
次のことを表します。
(ヒ)—ヒンディー語名
(ベ)—ベンガル語名
(サ)—サンスクリット(梵語)名
(英)—英語名

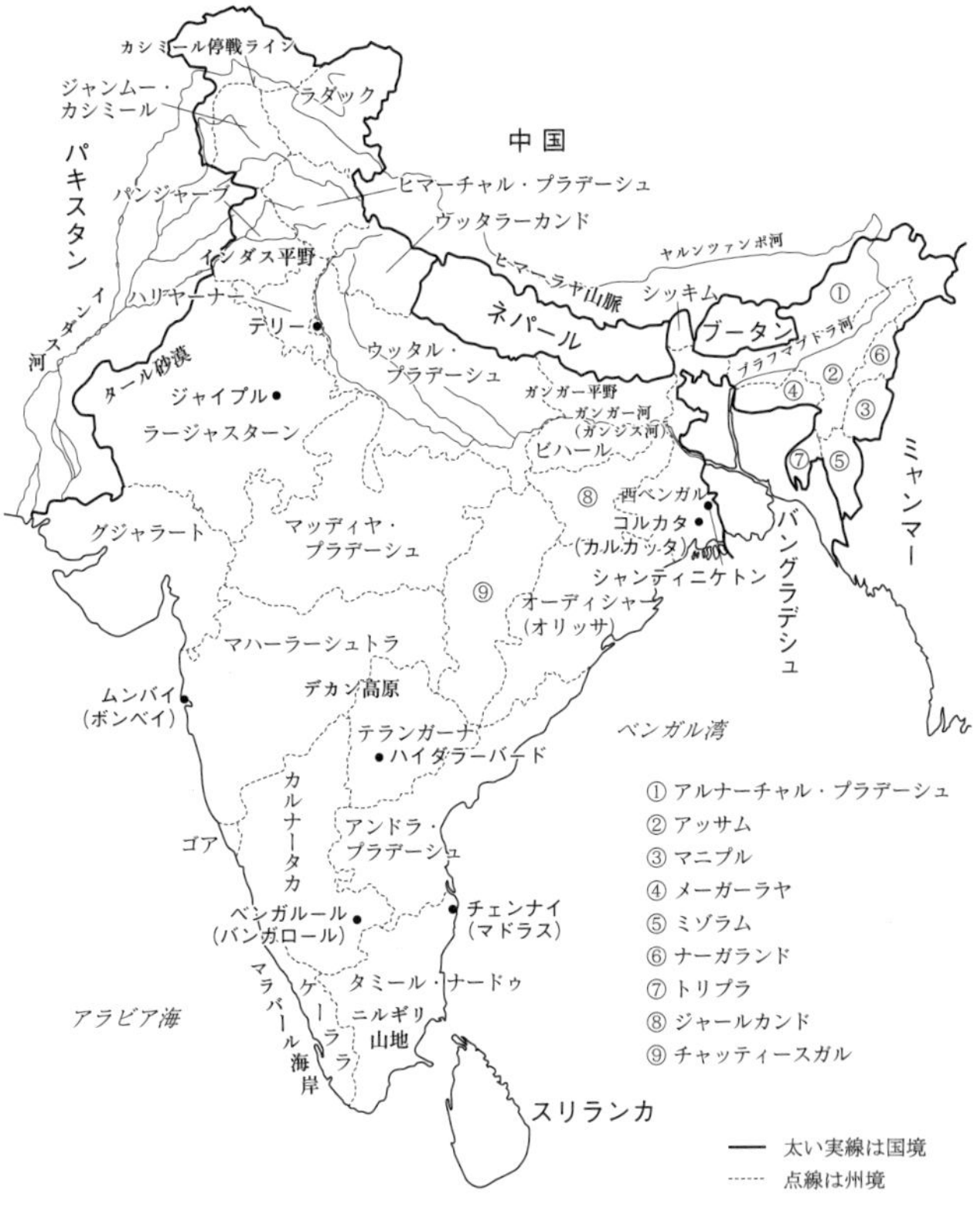
カシミール停戦ライン
ジャンムー・カシミール
ラダック
中国
パキスタン
ヒマーチャル・プラデーシュ
パンジャーブ
ヴッタラーカンド
インダス平野
ヤルンツァンポ河
ヒマーラヤ山脈
シッキム
ハリヤーナー
テリー
ネパール
ブータン
ブラフマプトラ河
インダス河
タール砂漠
ジャイプル
ウッタル・プラデーシュ
ガンガー平野
ガンガー河（ガンジス河）
ラージャスターン
ビハール
ミャンマー
西ベンガル
グジャラート
マッディヤ・プラデーシュ
コルカタ（カルカッタ）
バングラデシュ
シャンティニケトン
オーディシャー（オリッサ）
マハーラーシュトラ
デカン高原
ムンバイ（ボンベイ）
ベンガル湾
テランガーナ
ハイダラーバード
カルナータカ
アンドラ・プラデーシュ
ゴア
ベンガルール（バンガロール）
チェンナイ（マドラス）
タミール・ナードゥ
マラバール海岸
ケーララ
ニルギリ山地
アラビア海
スリランカ
① アルナーチャル・プラデーシュ
② アッサム
③ マニプル
④ メーガーラヤ
⑤ ミゾラム
⑥ ナーガランド
⑦ トリプラ
⑧ ジャールカンド
⑨ チャッティースガル
太い実線は国境
点線は州境

はじめに

この本は、インドの暮らしのなかで出会った植物の話と絵からなる読み物であり、植物事典としての役割も兼ね備える独自な印度植物誌として、長年親しまれてきた一連の『インド花綴り』の最後を締めくくる本です。

『インド花綴り』は、正篇が一九八八年に、続篇が一九九一年にそれぞれ出され、この二篇をまとめたものが定本として二〇〇二年に出されています。これらに収められた全一三六編からなる植物の話は、月刊情報誌『インド通信』に「インドの植物」と題して一九八二年から一九九一年までに連載されたものをもとにしていますが、その後も同誌への掲載は二〇〇七年二月まで断続的に続き、相当数のものが手許にしまっておかれることになりました。しばらく時間が経ちましたが、そのなかから主要なものを選び、新たにどうしても伝えたい話を書き加えて全六四編とし、この本の誕生につなげました。

「インドの植物」の連載は、インドでの滞在で心に残る植物に関する体験を、月ごとに思いつくままに綴ったもので、その順番は植物の知名度や重要性とは無関係です。しいていえば、文化面や実用面において重要でよく知られた植物ほど安易に手をつけがたく、後回しになり、結果としてそういう植物が、一連の『インド花綴り』の幕を閉じるこの本に、多く繰り入れられることになったともいえます。

なお、私がインドに渡り、学生として暮らすなかでインドの植物と出会い、関係を深めてきたのは、ついきのうのことのように思われますが、『定本 インド花綴り』のころから考えてみても、すでに長い歳月が経ちました。その間も私は、インド西ベンガル州の農村に植物染色・織・縫製の工房を構え、毎年長期滞在するかたわら、これまで同様、植物の話を集めながら現在に至っています。この本のあちこちで、そうした暮らしの変化をうかがわせる記述に出会うことになるでしょう。

インドの人びとにとって植物とは

私が初めてインド西ベンガル州を訪れたのは一九七二年二月の末。もうほぼ半世紀も前のことになるのですが、当時の空港に降り立ったときの印象は、今でも昨日のことのように覚えています。タラップを降り、夕闇せまる空港を入国手続カウンターのある建物へと歩いて向かう少々緊張ぎみの私たちに、どこからともなく吹いてくる暖かい夜風。そこには、南国の花の香りとともに、ひなびた牛小屋の匂いが交ざっていたのです。ほっとした救いが感じられ、ここならやっていけそうだと思ったものでした。

翌日コルカタの町に出て分かったのですが、街路を覆う大きな木々にはインドの春をつげる花々が咲きはじめ、その下を、行き交うおおぜいの人や車に交ざって牛が平然と歩いていたのです。小路にはヤギやヒツジ、ときどきスイギュウの姿もあって、飼い主である人間にえさをもらい、家畜でありながら半ば独立を保ち、人間たちと渾然一体となって生活しているのです。そうした動物たちとの生活域を明確に分けない、異質なものの混在を気にかけないインドの人びとの生活のあり方が、風のにおいにも感じられ、異国の地に立った私の緊張はほぐれていったのでしょう。

インドの人びとの植物に対する接し方にも同じようなことがいえ、その有用性に目を向けるまえに、人びとは、植物を私たちと同じように、この地上で生をなす存在ととらえているようなのです。しばらく暮らすうちに気が付いたことですが、夕げの支度どきに急に庭の野菜が必要になっても、多くの人が「夜は木や草も眠っているから、採るのは明日にしたほうがいい」といって手を出さないのも、そういう考えに基づいてのことでしょう。

数年後にラージャスターン州のケージュルリーという村を訪ね、そこで木を守ろうとして命を落としたという女性の衝撃的な話を聞き、人びとが植物を私たちと同等の存在ととらえる思考傾向は、伝統として、インドには昔からあったのだと確信するようになりました。

それは一六六一年にケージュルリーの村で実際に起きた悲しい事件の話でした。ある日、ジョードプルの王アジート・シンハの家臣が、村におおぜいの木こりを連れてやってきました。当時、城塞は構築中で、壁材の漆喰を作るため、燃料の木材が大量に必要となり、ケージュルリーの村の周辺に茂るプロソピスの大木に目がつけられたのです。村長の妻は、木こりがおのを振るおうとする木の幹にしがみついて伐採を阻止しようとしましたが、王の家臣は残忍にも彼女を切り捨て、伐採に取りかかろうとしたのです。すると、それを見た三人の娘も母親に従い、つぎつぎと出てきて木に抱きつき、切られてしまった、というのです。

その六六年後にも、その村で同じような事件が起こり、三六三人もの村人が命を落としています。ケージュルリーの村の人びとは、その昔も今もビシュノーイーの教えと戒律を守って暮らしています。それはジャーンボー・ジー（一四五一—一五三六）というラージプート氏族出身の導師によって始められたアヒンサー（不殺生、非暴力）の思想が色濃く打ち出された教えで、戒律は、殺生はしないし人にもさせない、生きた木を切ってはならないと戒めています。とはいえ、木のために自分の命まで投げ出すこともいとわなかったケージュルリーの村人のアヒンサーは筋金入りです。もちろんインドの人も現実的で、植物を食料や資源として、あるいは生活環境を支える要因としてとらえてもいるのですが、しかし、そうであっても情緒的に、私たちと同様にこの地上で生をなす同胞、あるいはそれ以上の存在ととらえているところがあるようです。

もともとインドではひじょうに古い時代から、種々の植物を神々の化身またはすみ処として神聖視してきました。その代表的なものがインドボダイジュでしょう。インダス文明（隆盛期紀元前二三〇〇〜一八〇〇年）の遺跡から出土した土器や印章にインドボダイジュの葉と思われる絵柄が表されており、そのころから特別な植物であったことがうかがい知れますが、今日のヒンドゥーの人びとのあいだでも、ヒンドゥーの主要三神のすみ処とみなされて神聖視されていることは興味深いことです。

木や草それ自体が神、またはその化身とみなされて拝まれる植物もあります。たとえば、ベンガル地方でゲントゥとよばれるクサギ属の小木は、それ自体が皮膚病の守り神ゲントゥ・タクルであったり、モノサ・ガーチというユーフォルビア属の小木は、蛇の女神モノサ（マナサー）として礼拝の対象となったりしています。神の依り代という考えよりも、もっと直結した考え方でインドらしいと思えます。神のすみ処となる植物はそれこそ多数あり、これではやたらに葉っぱもちぎれないと恐れましたが、現実的には、神聖視される樹種であっても、今日ではすべてが畏敬の対象となるわけでもなく、村などで人に祀られている特別な木以外は他の木同様、木材などとして普通に利用されているのも現実です。

その後五年間、私は帰国することなく西ベンガル州で過ごしました。初めの二年間は、シャンティニケトンのビッショ・バロティー大学（タゴール国際大学）、続いての三年間はコルカタの南郊外のゴリアという当時の田舎町に住み、ジャドブプル大学のベンガル語学科に通っていました。異なる気候・風土の地に来て、言葉とともに、文化や習慣、目に飛び込んでくるさまざまな物事を学んでいくのは、また子ども時代を二度繰り返すようなおもしろさがありました。とくに季節が一周するまでの最初の一年間は、なにもかもが新鮮で、次に来る季節への期待と恐れ、そして季節ごとの独特な情緒が強く印象に残った期間でした。

冬▼十二月から一月の終わりまでは、西ベンガル州を含めた北インドはけっこう寒くなり、暖房施設のない普通の家では、日なたが恋しく、日が高く上るまでみんな爬虫類のように日だまりでじっとしていたものです。晴天が続き、森では多くの落葉樹が葉を落とし、見晴らしがよくなって、遠くの物が急に近くに感じられるようになります。霜が降りることはなく、木々の花は少ないのですが、庭では日本の春から夏に咲く、ダリア、マリーゴールド、セキチク、キンギョソウ、ペチュニア、バラなどが花盛りになります。

春▼二月も中ごろ、風の向きが北から南に変わり、朝夕の冷えもなくなると、まずキワタが真っ赤な大きい花でこずえを飾りはじめます。やがてマンゴーの花房が甘いやるせない香りを漂わせるようになると、ハナモツヤクノキ、デイコ、ムユウジュなどがつぎつぎと咲きはじめ、辺りはまるで天国の園のような様相を呈してきます。三月も終わりになると、気温は日増しに高くなり、南風はしだいに強さを増して辺りの森は乾いていきます。

四月中ごろからは暑さも耐えがたくなり、その暑さに対抗するようにホウオウボクが真っ赤な花でこずえを覆い、熱風が終わり近いナンバンサイカチの黄色い花房を揺らします。このころ、よく北西の空からにわかに黒雲がわきおこり、辺りを暗くしながら空を覆い、雨やひょうをともなう激しい嵐が吹き荒れます。木々の枝は折れて飛び散り、気温は一気に下がって辺りは一変します。この春の終わりの嵐を、ベンガル地方ではカルボイシャキと呼んでいます。

夏▼五月になると気温は最高域に達し、体温をはるかに超え、直射日光下では車のボンネットで目玉焼きが焼けるほどになります。人びとは窓を閉めて扇風機をまわし、熱気がおさまる夕方まで外には出ることはありません。でも、ベンガルのように水田の多い地方では近年の灌漑施設の整備で田んぼの水が緩衝作用をなし、高温になる日が減ったように感じます。

雨季▼六月も後半になるとモンスーンの雲が到来します。乾ききった熱い大地をぬらす雨を、木々ばかりか人びとも待ちわびて、小躍りして外に出たものですが、インド北西部のラージャスターン州の沙漠地方出身の友人は、七歳まで雨というものを見たことがなく、初めての雨が怖くて家に引っ込んでいたとも聞きました。辺りは一変して緑に覆われ、人びとは農作業に忙しくなります。雨はしだいに途切れることなく降るようになり、八月にはガンガー（ガンジス）河の流域のあちこちで大規模な洪水が発生します。

秋▼九月になると空を覆っていた分厚い雨雲は白いちぎれ雲になって漂うようになり、野にはワセオバナが白い綿毛の穂を風になびかせ、遠くから祭りの太鼓が響いてくるようになります。実りの秋は、祭りの秋でもあります。

露季▼ベンガル地方では、秋と冬のあいだの露の多い短い時期を露季としています。朝の野原は草の上に降りた露で、辺り一面が真っ白になるほどです。

インドは広い

インドの国土は日本の約八・七倍の広さがあり、北は世界の屋根ヒマーラヤ山脈から南は熱帯の南インド、東は世界一の降水量を記録するアッサムの丘陵地から西はタール砂漠と、気候的に大きく異なる地域を含んでいます。このため植物相も変化に富み、次の六つの植物地域に分けられます（詳しくは『インド花綴り』正篇に記載）。

①② 東部ヒマーラヤと西部ヒマーラヤの植物地方——高度による帯状の植生の変化を見せる。
③ インダス平野植物地方——サハラ・インド植物区系にはいり、乾燥に堪える植物が多い。
④ ガンガー（ガンジス）平野植物地方——サラノキ等の落葉樹林に代表される植生。
⑤ マラバール植物地方——多雨でテリハボク、クスノキ属、パラミツ等の常緑高木が優勢。

⑥ デカン植物地方――年間降水量一〇〇〇ミリメートル以下でアカシア属などの有刺林が多い。

私が住んでいた西ベンガル州や首都デリーは④のガンガー平野植物地方にはいり、文学、芸術、宗教に関わりのあるインドらしい植物が多く生育している所です。とくに隣接するビハール州は生前の仏陀活動の地で、仏陀ゆかりの植物が多く見られます。

なじみのある名前の木

庭や畑の園芸植物や、水辺の湿生植物には日本で見る物と同種または近縁種が多いのですが、それ以外は初めて目にする物ばかりで驚きの連続でした。しかし、しだい植物の現地名が分かってくると、意外にも、多くの植物が、仏典をとおしてその名前が日本に伝えられ、初めて目にするのにもかかわらず、名前だけは聞いたことがあるような植物が周りにかなりあることに気がつきました。たとえば、シャラ（サラとも）＝沙羅、ターラ＝多羅樹、ボーディー・ヴリクシャ（樹）＝菩提・樹、ウードゥンバラ＝優曇華、マッリカー＝茉莉花、チャンダナ＝栴檀などなど。

ずるずると気根を垂らし、それが太くなって無数の幹となり、上体を支えながら一個体の木がまるで森のように広がったバンヤンジュ（ベンガルボダイジュ）の雄姿に圧倒されたり、太い幹から二〇キログラムを超すような巨大な実をぶら下げたパラミツ（ジャックフルーツ）の木に驚かされたりしたものですが、これらの木々のサンスクリット名も漢字で音写され、古くから日本に伝えられているのです。このような名前だけはなじみのある植物が意外に多いことに気づいてからは、それらの植物がより身近に感じられるようになったものです。

ポトゥアという語り絵師との出会い

一連の『インド花綴り』のあちこちにポトゥアという語り絵師たちが登場しますが、インドに行ってまもないころにこの絵師たちと懇意になれたことは幸運なことでした。この絵師集団には二つの異なるグループがあります。

そのひとつは、みずからはベンガル人なのですが、先住民族のサンタル人の神話を絵巻物に仕立て、サンタル人の村から村を回り、サンタル語で絵解きをしながら門付けをして歩く人たちで、サンタル・ポトゥアと呼ばれる人たちです。マンゴーの木の下で野営をする彼らを訪ね、彼らの絵を初めて見たときは衝撃的でした。泥絵の具や植物の汁で描かれたサンタルの神々や動物、植物までもが素朴な美しさと崇高さにあふれているのです。長年おつきあいするうちに、彼ら自身も彼らの絵と同様、素朴で崇高で、楽しい人たちであることが分かりました。彼らとともにジャールカンド州から西ベンガル州の森を、植物やサンタルの神々の話を聞きながら巡り歩いた経験は、このうえなく楽しいものでした。

もうひとつの絵師集団は、ヒンドゥー教の神話や社会風刺、センセーショナルな事件などを絵巻物に仕立ててベンガル人の村々をベンガル語で絵解きをし、門付けをしてまわる人たちです。

コルカタの西に隣接するメディニプル県に住んでいる彼らは、ある時代に祖先が改宗したため本人たちはイスラム教徒なのですが、生業の絵巻物の主題は昔のままヒンドゥーの神話が多く、そのため神話はもちろんヒンドゥーの儀規にもえらくくわしいのでした。活動的で機知に富む彼らの後について、村々をまわり、またあちこちにいる彼らの親戚の家を訪ねていって、おもしろい話を聞かせてもらったものです。

とくにガンガー河口近くのマングローブ林に近い親戚の家へはたびたび行きましたが、一日がかりだった帆掛け船の旅は、ポンポン船に変わって半日ほどに縮まり、今では河に橋が架けられて、バスで数時間で行けるようになっています。今思い返すと、不便で時間のかかった旅ほど印象深く、えがたい経験だったと思えます。

昔と今

今日でも、インドの植物や人びととのおつきあいは続いていますが、五〇年という歳月はあっという間に過ぎたようにも思えます。しかし記憶のひだを細かくかき分けてみると、やはりそれは長く、人びとの暮らしぶりと町のようすは少しずつ変わり、今となってはすっかり変わってしまいました。

私たちが学生のころ住んでいたコルカタ郊外のゴリヤという田舎町は、今ではビルの立ち並ぶ新都市となり、以前のなごりを探して歩くのも難しいほどになっています。かつて私たちが住んでいた家は運よくそのまま残っていましたが、あちこちにそびえ立っていた何本ものタマリンドの巨木の姿はどこにも見当たらず、家の裏手のマンゴー園の老木もすべて切り払われてレンガ造りの二階家が立ち並んでいました。当時は電気もひかれておらず、夕方になるとすすで黒くなったランプのほやを磨きながら、タマリンドの茂みからけたたましく響いてくるメンフクロウの金属的な鳴き声を、これから訪れる漆黒の闇と重ねて、不気味な思いで聞いたものでしたが、その暗闇も今はもうありません。木々とともに、その暗い茂みに潜んでいた精霊やら悪霊やらは、みんなどこかに姿を消してしまったようです。

とはいえ、西ベンガル州にある私たちの工房の周囲だけをみても、植物と人びとの関係にはまだまだ発見が多く、興味は尽きません。ついこの二月にも、通りがかりの橋のたもとで奇妙な植物が売られているのを見ました。それは食虫植物のタヌキモの仲間で、聞くと近々あるシトラ・ショスティーという天然痘の守り神の祭礼には無くてはならないのだそうです。池に漂い浮かんでいるタヌキモのような植物にそのような役回りが担わされていることを聞いて、とてもおもしろいと思いました。

ここ数年、インドの人びとも自然志向に変わってきて、多くの人が、食品はもちろんのこと、身に着ける物なども自然素材、自然染料の物を好むようになり、環境への意識の高まりと同時に、それまで見過ごしていた周りの木々や草にも関心の目が向けられるようになってきたことはうれしいことです。

赤いヒマ

アカバヤトロパ

　インドの田舎の道端や鉄道の土手に、ヒマの葉を小さくしたような赤い葉をつけた小木が生えているのを、よく目にする。木というには幹や枝は柔らかく、草のようでもある。強い日差しの下で、つややかな赤銅色の葉を広げ、いかにも元気そうに照り輝いているその植物を、村の人はラル・ベレンダと呼んでいた。雨季には、枝先に、雌雄の異なる花を咲かせる。花は五弁で小さいが、つやのあるえんじ色をしていてよく見れば美しい。

　ベレンダはヒマ（トウゴマ）のベンガル語名で、それはヒマのサンスクリット語名エーランダに由来している。ヒマは、種子からヒマシ油がとれるのでインドでは古くからよく知られているが、このラル・ベレンダと呼ばれる植物の種子からも油がとれる。それで、ラル・ベレンダ（赤いヒマ）と呼ばれるのだろう。その油は上質の機械油として知られ、とくに機関車の部品のさび除けに使われていた。かつては鉄道関係のあちこちの土地で搾油を目的に栽培されていたそうである。それでだろうか、今日でも鉄道沿いの土手にはやけに多く見かける。故郷はアメリカ大陸南部。インドでも極端な乾燥地や湿地、高地を除

アカバヤトロパ〔トウダイグサ科〕

Jatropha gossypiifolia

（ヒ）Jaṃgalī eraṃḍī, Ratanjotī

（ベ）Lāl bhereṇḍa

（英）Bellyache bush

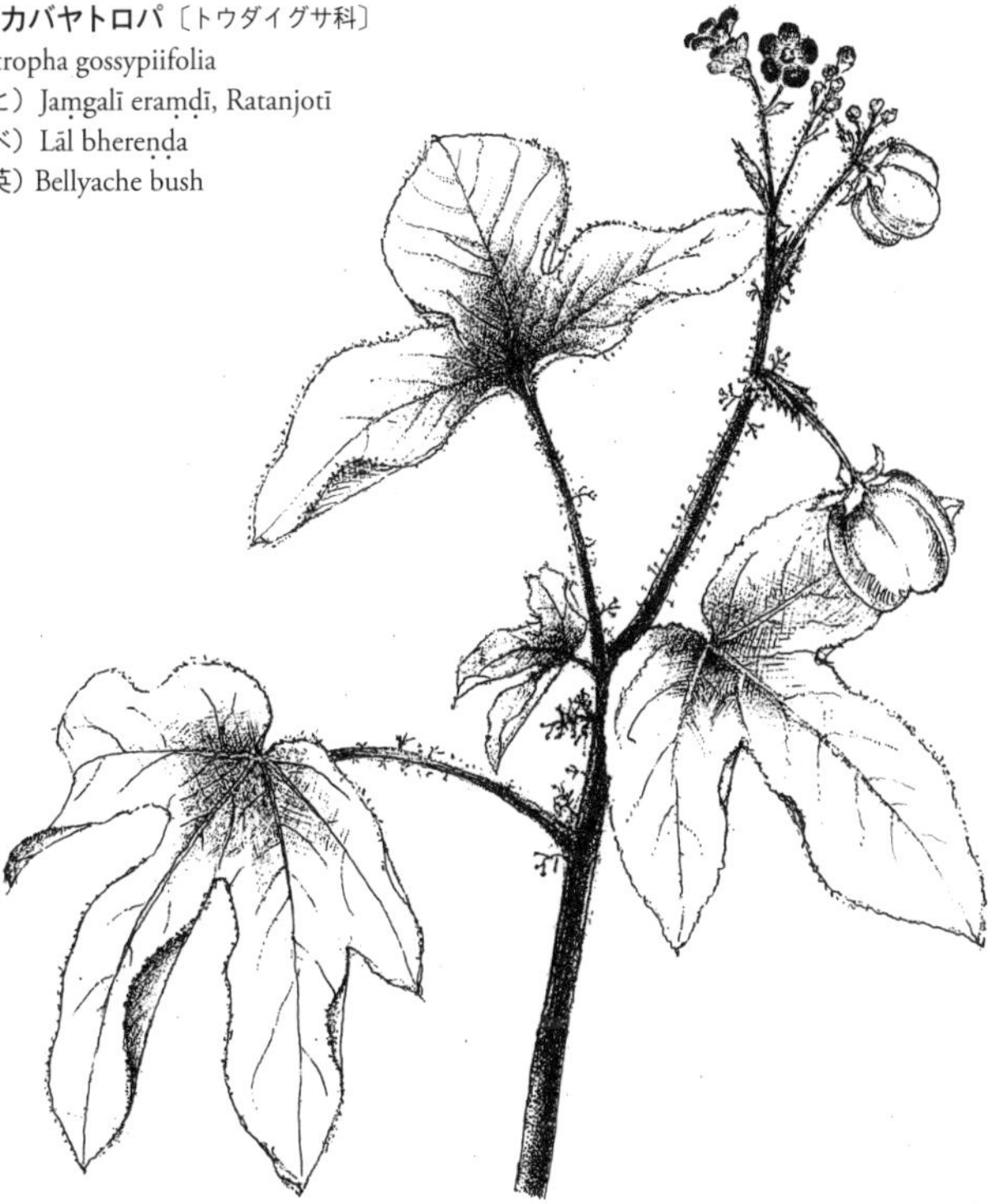

▶高さ 0.6 ～ 2.5 mの半落葉小木。葉は 3 裂掌状で赤紫から赤緑色。葉縁や葉柄，若い茎には分岐した粘毛がある。5 弁濃赤色の小花を散房花序につけ，果実は褐色で長さ 1.2㎝。有毒。

いていたるところで目にする。和名はアカバヤトロパ。

アカバヤトロパの茎や枝はあまり木質化せず、水気を含んでいて柔らかい。若い茎はつややかなえんじ色をしている。葉の縁には毛があり、葉柄や葉柄の付け根のあたりには、木枝のように分枝したおもしろい形の毛が生えている。全体に柔らかそうで見るからに家畜が好みそうなのだが、どうやら家畜は敬遠しているようで、放し飼いにされたヤギやブタなどはこれを食べない。アカバヤトロパは薬用としても使われるが、じつは有毒植物なのだ。それだからだろう、家畜が放されるような野や空き地でも、アカバヤトロパだけは平気で枝葉を伸ばしている。もしかしたら、アカバヤトロパの敵は家畜ではなく、人間なのかもしれない。

ある朝、近くの野の小道を歩いていたら、自転車の荷台に、アカバヤトロパの枝を五〇センチメートルくらいの長さに切りそろえて積んで運んでいく人がいた。聞くと、歯磨きのブラシとして朝のバザールで売るのだという。これを聞いて、私もアカバヤトロパの歯ブラシを使ってみようと、枝を折ろうと試みた。だが、なかなか折れず、おもいきり引っ張るとやっと枝の付け根で裂けるように千切れてきた。裂け口から、やや黄白色の半透明の汁があふれるようにこぼれ出た。ベンガルの友人がいうには、子どものころ、ストローの先にこの汁をつけて吹き、シャボン玉遊びをしたものだという。

翌朝、私は、持ち帰った枝の切り口を噛みほぐし、歯ブラシとして使ってみた。ほんの少し渋みがある。それが歯茎によいのだと、枝を集めていた人はいっていた。だが、ぬるぬるしていやなにおいがし、ちょっと気持ちが悪い。同じ木の枝を歯ブラシに使うなら、私には、苦みのあるインドセンダン（ニーム）のほうがよいと思った。

アカバヤトロパの根は痔の治療や腺の腫れに使われ、炎症を抑える効果があるといわれる。葉もいやな味がするが、月経促進薬や鎮痛薬として用いられる。種子は有毒だが、種子油は下剤として使われ、赤痢にも民間薬として使われ、また灯用にも充てられる。

庭先の常備薬

アダトダ・ヴァシカ

　インドに行ったときに私が過ごす家は、西ベンガル州の田園地帯にある大きな村のへりにある。その家の庭は、南と北の隅にアヒル小屋と牛小屋があり、西は土手になって広い池へと落ちこんでいる。そこから先はずうっと遠く地平線まで水田が広がっている。

　その池のほとりの土手には、バナナやパパイヤ、タマリンド、ザクロなど実のなる木々がしげり、インドセンダン（ニーム）やアロエ、アダトダ・ヴァシカなど薬になる植物も多く植えられている。その土手の薬用植物のなかでいちばんお世話になっているのは、なんといってもアダトダ・ヴァシカだろう。アダトダ・ヴァシカは株際からたくさんの枝を伸ばし、人の丈よりやや高い茂みをなし、さわやかな緑の広披針形の葉を広げている。冬には枝先に穂状花序を出し、白い美しい花を咲かせる。

　家の主である友人は、彼の妻や子どもたちばかりでなく、私や妻が、ちょっと咳をしたり熱をだしたり、風邪の症状がでると、きまって土手の方へ行って、池へと枝を伸ばすアダトダ・ヴァシカの茂みから葉を数枚摘んできて、煎じた液を飲ませてくれる。煎じた液

アダトダ・ヴァシカ〔キツネノマゴ科〕

Justicia adhatoda, Adhatoda vasica
（ヒ）Vāsaka, Aḍūsā
（ベ）Bāsak
（サ）Vāsaka, Āṭaruśaka
（英）Malabar nut

▶高さ２～３ｍのやぶ状常緑小木。葉は長さ 12.5 ～ 22㎝，幅５～ 7.5㎝の長楕円形から広披針形で対生。冬に穂状花序を出し，うろこ状に重なる緑色の苞の間から下唇弁基部に赤斑紋のある白い唇形花を咲かせる。インド亜大陸，スリランカに自生。

は、さわやかな黄色で、とてもおいしそうな色をしているのだが、ちょっと口に含んだだけでも、首筋がふるえるほど苦い。まるで抗生物質を水に溶かしたような味なのだ。

このアダトダ・ヴァシカという植物は、ベンガル語でバショク、またサンスクリット語でヴァーサカと呼ばれ、アーユルヴェーダの薬草として多くの人に知られている。のどの痛みや咳、熱など風邪の諸症状に効き、ぜんそくにもよいというので、近所の人たちも、よくうちの土手へバショクの葉をとりにきていた。インド、パキスタンのイスラーム文化圏で今日も実施されているユナニ医療や、南インド、とくにタミル地方に伝わるシッダ医療でも、ぜんそく、下痢、慢性気管支炎などの治療によいとされている。

アダトダ・ヴァシカは、冬に穂状花序を枝先に出し、きれいな白い唇形花を咲かせる。このアダトダ・ヴァシカの花穂は、ベンガル地方で一月の末に行われるサラスワティーの祀りにはなくてはならないもので、村人は、パンチコライという五種の豆を煮たお供え物に添えて、女神に捧げる。豊作祈願、または水疱瘡にかからないことを祈っての供養だと、友人はいっていた。

甘くやるせない香り

アダン

シャンティニケトン（ビッショ・バロティー大学）の学生寮の裏手には、とても大きな池があった。対岸の方は赤い砂礫混じりの粘土質の湿地が広がり、ぬかるんでいたので、人があまり立ち入らなかった。そこには、シラタマホシクサやイグサの仲間の低い草が生え、円くて愛らしい葉のクルマバモウセンゴケがまるで絨毯を広げたように群生し、赤い繊毛の先の露をきらきらと輝かせていた。水がしたたるような所では、ミミカキグサ属の微小な植物たちが、土中から細いながらもしっかりした茎をあちこちに立て、紫や黄色の愛らしい花を咲かせていた。

池のこちら側は堤になっていて、晴れた日にはいつも洗濯屋が来て、ポーン、ポーンと水音を響かせながら、布を振り回しては洗濯板に打ちつけて洗っていた。

私は、対岸の湿生植物の小さな楽園と、洗濯屋のあの爽快な水音に引かれて、よくその池に出かけた。そして、池をひと巡りし、土手にしゃがんで、洗濯屋が頭上高くまき散らした水しぶきが光を放ちながら弧を描いて落ちるのを、飽きずにながめたものである。

その土手の背後に広がる草地の片隅に、アダンの茂みがあった。アダンはタコノキの親戚である。幹の地際から一メートルくらいの所からタコの足のように太い根を四方に出して上体を支え、あちこちに子株を出して繁茂していた。濃い緑の葉は遠目にはいかにもさわやかだが、近づいて見ると、葉はやけに大きく筋張っていて、へりや裏面の中肋上には、何者をも寄せ付けないような鋭いとげをつけている。それらのとげはまるで硬質プラスチックのように白くて硬く、かぎ爪のように曲がっている。おまけにそれらの曲がる方向は、葉縁上では全部が上向きに曲がり、裏面中肋上では中ほどまでの物は下向きに、それより先の物は上向きに曲がっているのだ。そんな葉の茂みに不用意に手を突っ込もうものなら、それこそ抜き差しならないことになってしまう。洗濯屋の人たちは、洗い上げたサリーやドゥティー（腰布）を池のほとりに広がるオキナワミチシバの上に広げていたが、風に飛ばされてアダンの茂みにひっかかるようなことがないように注意していた。

しかし、このアダンの寄りつきがたいイメージとは反対に、白く大きな苞に包まれたアダンの雄花は、人をひきつけるひじょうによいにおいを放つのである。インドの詩人たちは、春に咲くアダンの雄花の香りを、恋心を呼び覚ます官能的なものとして、古くから詩

アダン〔タコノキ科〕

Pandanus odoratissimus

（ヒ）Kevḍā, Kevṛā

（ベ）Ketakī, Keyā

（サ）Ketakī, Ketaka

▶南アジアから東南アジア，インドネシア，日本等に広く分布。高さ2～6mで幹は曲がって伸び，葉の長さは1～1.6m，幅4～6㎝。葉縁から葉裏中肋上に曲がった白色（タコノキは褐色）のとげがある。雌雄異株。

歌にうたっている。その甘くやるせない香りは、風に乗って、学生たちが住む寮の窓辺にまで漂ってくる。種名の odoratissimus は、においのよいという意味。

雌株のほうは、雨季の終わる九月ごろに、一見小ぶりのパイナップルのようなオレンジ色の実を結ぶ。この実もパイナップル同様、複数の果実が寄り集まった集合果で、また、においがよい。そのにおいは甘くやるせないというより、甘くてうまそうなのである。実はもちろん熟れれば食べられるのだが、食べられる部分は集合果の一つひとつの中心にあるわずかな部分で、おいしいといえるほどのものでもない。アダンはベンガルの人びとには食べる物というより、においを楽しむ物として知られているようだ。

アダンの雄花からとる香油は、ケーワダー・オイル（ベンガル語でケオラ・オイル）と呼ばれ、インドの人びとに古くから親しまれている。またケーワダー・ジャル（ケオラ・ジョル）という香水もつくられ、この香水はヒンドゥー教の儀式に使われ、祭具材料屋で普通に売られている。また料理の香り付けに使われ、イスラーム教徒のビリヤーニー（炊き込みごはん）の香り付けにも使われる。

このアダンにまつわるおもしろい話がある。アダンは仙人たちによって呪いをかけられた植物だというのである。

あるときシヴァがヒマーラヤの裾の仙人たちの村を裸で歩いていた。それを見た仙人たちの妻はシヴァに惚れ込み、みんなでシヴァの後について行ってしまった。これに気が付いた仙人たちは、シヴァが人の妻を盗んで連れ去ろうとしたといって、シヴァに男根が落ちてしまうよう呪いを掛けた。しかし、落ちたシヴァの男根の先は地に深くもぐり、もう一方は天へと伸びていった。仙人たちはそこでヴィシュヌとブラフマーを呼んで、ブラフマーに天の先端を、ヴィシュヌに地下の先端を見届けるよう頼んだ。二神とも先を見届けることはできなかったが、ブラフマーは見てきたことにした。そして、その嘘の片棒を雌牛とアダンに担がせた。だが、その嘘はヴィシュヌによってあばかれてしまった。そこで雌牛の口は不浄なものとなるように呪いを掛けられ、アダンの花はシヴァに捧げてはならない物とされてしまったという。

三〇年振りに、アダンが生えていたあの池に行ってみると、あのころはだれもが利用していたあの大きな池はキャンパスを囲む塀の中にとりこまれてしまっていた。塀の向こうに水しぶきが高く上がるのが見えた。洗濯屋もあのさわやかな水音も健在であった。だが、うっそうとしたあのアダンの茂みは跡形もなく刈り払われ、新しくできたゲストハウスへの道になっていた。インドでも、アダンのように広い場所をとる植物が生きていく余地はもうないようだ。対岸の湿生植物も、水質の富栄養化で辺りの植生が変わり、姿を消していた。私の小さな楽園は、人に知られることもないまま、消失してしまっていた。

内に隠し持つ鮮やかな青

インド藍二種

インド・西ベンガル州にある工房の庭の片隅に、インド藍が二本、つる草に覆われながらも、なんとか育って種子を付けているのを見つけた。数年前、その辺りに、友人からもらった種子をまいて栽培していたことを、思い出した。当時はそれをふやして沈殿藍をつくってみるまでの気構えもなく、育てただけであとはほったらかしになり、いつのまにかインド藍は姿を消してしまっていた。見つけた二本は、そのときのこぼれ種から細々と命をつないできた末裔なのだろう。

その二本のインド藍の発見がきっかけで、にわかに私たちのあいだで藍の栽培熱が高まった。今は、その二本から採った種子をまいて、畑いっぱいに育てている。

刈り取った木本の藍の枝葉を水に浸して一日ほど（気温による）置くと、発酵してインディカンと酵素が溶け出し、両者は反応して水溶性のインドキシルになり、黄緑色の液になる。枝葉を取り除いてその液に消石灰を加え、柄杓で水をすくっては落とすことを小一時間続けると白い泡はしだいに青くなり、液中のインディカンは酸化して青い不水溶性のインディゴになる。それを沈殿させ、上澄み液を捨てて乾かせば沈殿藍のでき上がりなのだが、うまくいかないときもある。でき上がった沈殿藍は乾燥してケーキ状にし、長期保存することができる。

沈殿藍で布を染めるときは、藍建てによって沈殿藍の不水溶性のインディゴを水溶性の還元型インディゴに変えてから、その液に布をひたして繊維に浸透させる。それから、布を引き上げて空気に触れさせると、黄緑だった還元型インディゴが酸化されて青色のインディゴに変わり、布は、まるで手品でも見るようにさあっと鮮やかな青に変わっていく。この小さな木本が、このような不思議な特質を隠し持っていたことをまのあたりにして、驚かざるをえない。

インディゴを含む含藍植物は意外と多く、世界に多種あるが、古くからインドで栽培されてきた通称インド藍と呼ばれるマメ科コマツナギ属の木本はとくにインディゴの含有量が多い。インドでニールとよばれるタイワンコマツナギは、二十世紀に入るまでインドで盛んに栽培され、とりわけベンガル地方（今日のバングラデシュを含む）は、世界の一大生産地になっていた。

今日、小規模ながらもインドで栽培されるニール（藍）には、タイワンコマツナギとナ

インド藍2種

①タイワンコマツナギ〔マメ科〕

Indigofera tinctoria
（ヒ）Nīl
（ベ）Nīl
（サ）Nīla
（英）True Indigo

②ナンバンコマツナギ〔マメ科〕

Indigofera suffruticosa
（ヒ）Nīl
（ベ）Nīl
（英）West Indian indigo,
Small-leaved indigo,
Guatemalan indigo

①▶高さ 1.8m くらいの小木。小葉長さ 2.5 ～ 5㎝，9 ～ 17 枚奇数羽状複葉。蝶形花紫桃色，長さ約 6㎜。さやは長さ 2 ～ 2 .5㎝で、ほぼまっすぐな円柱形 4 ～ 8 個の種子を含む。インド原産とされるが不明。

②▶高さ 2 m くらい。小葉長さ 1.5 ～ 4㎝，11 ～ 13 枚奇数羽状複葉。蝶形花赤橙色，長さ約 5㎜。さやは太く長さ 1.5㎝くらい，鎌形に湾曲。種子 4 ～ 8 個を含む。西インド諸島，熱帯アメリカ原産。

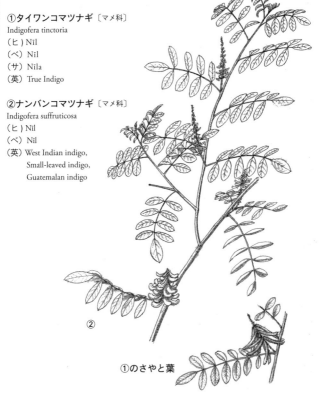

ンバンコマツナギが見られるが、もともとはタイワンコマツナギが使われていたようで、古来ニールと呼ばれる木本の藍はタイワンコマツナギを指しているようである。ナンバンコマツナギは南北アメリカ大陸の熱帯から亜熱帯にかけての原産で、藍染のほか、古くはパリゴルスカイト・クレイと混ぜてマヤブルーの顔料としても使われていたが、今では世界の熱帯から亜熱帯に伝播し、藍染用植物として広く栽培されている。これらタイワンコマツナギ、ナンバンコマツナギはいずれも木性なので、木藍（キアイ）とも呼ばれている。

このほか、藍染に実用的に使われる主な植物といえば、タデ科のアイ（タデアイ）*Persicaria tinctoria*、アブラナ科のホソバタイセイ *Isatis tinctoria*、キツネノマゴ科のリュウキュウアイ *Strobilanthes cusia* などであろう。

中国や日本の江戸時代中期から明治の中期に使われていたのはタデ科の一年草のアイである。ヨーロッパでは英語で Woad と呼ばれるアブラナ科のホソバタイセイ（細葉大青）が主に用いられていた。また沖縄では芭蕉布を藍色に染めるのにはリュウキュウアイが使われる。これはキツネノマゴ科の植物でブータンから雲南、台湾などでも使われ、中尾佐助博士はリュウキュウアイの使用は照葉樹林文化の分布と重なるといっている。

タイワンコマツナギやナンバンコマツナギ、アイ、ホソバタイセイ、リュウキュウアイと、藍染に使われる植物の種類が地域風土と文化圏によって異なっているのがとても興味深い。日本にはトウダイグサ科のヤマアイという植物があり、昔はこれで、神事などで身に着ける小忌衣（おみごろも）を染めたというが、インディゴが含まれていないので青には染まらない。

インドの藍染めの歴史はひじょうに古い。インドの厳しい気候風土のなかで、それを証明する手がかりとなる布はわずかしか残っていないが、紀元前二千年のころにはすでに高度な染色技術が発達していたようで、紀元前三千年ごろのインダス文明の遺跡から藍の染織槽の跡が発見されている。また、インド近代、とくにイギリス植民地時代には、需要性が高く軽量で高価なインド藍のケーキは、物流の決済手段としての役割もなし、歴史のなかで大変重要な役回りを負わされてきた［インドの藍の歴史については、中里成章氏の論文「ベンガル藍一揆をめぐって（1）イギリス植民地主義とベンガル農民」『東洋文化研究所紀要(83)』(1981-02)や、谷口晋吉氏の論文「一九世紀初頭北部ベンガルの洋式藍業」『一橋論叢87(5)』(1982)に詳細な記述があり、参照した］。

インディゴの含有量が多いインド藍は古くから珍重され、アジア、中東方面へとペルシャや中東の商人を介して輸出されていたが、十六世紀のころになると、藍はポルトガルによって直接ヨーロッパへもたらされるようになり、毛織物用染料として大量に消費されるようになった。それまでヨーロッパでは、インディゴ含有量が少ないアブラナ科のホソバタイセイによって藍染が行われていたが、インディゴ含有量が断然多いインド藍のケーキがもたらされるようになると、ホソバタイセイの栽培はしだいにすたれていった。

十七世紀になると、ヨーロッパ諸国はこぞって南方の植民地に藍を求めるようになり、インドの藍は、十七世紀の中ごろまで主要なヨーロッパ向け輸出品目の一つになっていた。そのころの輸出用の藍は、インド西北部のアフマダーバード北方からアーグラ南西にかけての農民や現地の藍製造業者によってインドの従来の製法で作られたもので、それをインド商人が買い付け、イギリス、オランダの両東インド会社によって、主にスーラトから船積みされていたという。

藍は、設立当初のイギリス東インド会社が、インドで仲立貿易をはじめたころの主要品目となっていたが、それらの藍は従来の製法で作られたものだった。その後、西インドとアメリカのプランテーションで効率のよい藍の栽培・生産がされるようになると、インドの藍は品質、価格ともに太刀打ちできなくなり、輸出量は激減し、一七二九年にはイギリス東インド会社は藍貿易を断念せざるをえなくなる。しかしその五〇年後、イギリス東インド会社は、従来の方法とは異なる革新的な藍製造業技術で再び藍の栽培・生産を始めるのである。その主な舞台となったのが、気候が湿潤で、ガンガーデルタの肥沃な土壌に恵まれたベンガル地方（今日のバングラデシュを含む）だったのである。

イギリス東インド会社は貿易会社から植民地支配機構へと変貌しつつ、インド貿易を独占していき、そしてインドの藍は、十九世紀を通じてヨーロッパの市場を満たすようになった。一八三九年から一八四〇年がその最盛期である。

しかし、一八三三年をもって特許法により東インド会社の営業が停止され、インド経済を支配してきた東インド会社と代理商会の二段階からなる独占的体制が崩壊する。通貨の統一（一八三五年）、国内関税の撤廃がなされ（一八三六年〜四四年）、英国人の渡航、土地保有の自由化（一八三七年）がなされていく。インドで上げた利益の送金手段の一つとして一八三〇年代まで積極的に利用されていた藍は、その重要性をしだいになくしていき、送金手段は手形に移行していく。

東インド会社の営業停止の影響は一八四〇年代から目に見えて表面化してくる。イギリス恐慌の波及で巨大融資者のユニオン銀行が倒産し、代理商会も倒産すると、後ろだてを失ったイギリス人のプランターは土地を購入して地主になり、田畑にまで稲や麦に代えて藍を植え付けるよう農民に押し付けるようになっていく。そして、地代収入に重きをおくようになり、設備、道具は極力節約し、畑の耕作や除草の管理を徹底させ、耕作地はつねに手のひらのようにきれいにしておくようにさせたとまでいわれている。そして、地域的な藍領地制度が確立され、藍作農民はプランターによってしだいに追いつめられ、自由を失っていくのである。

このような背景があって、一八五九年から一八六一、二年にかけて、藍作農民の反乱が起こった。それは、植民地支配による過酷な藍生産体制の抵抗運動として、ベンガルの全域に広がっていき、当時の植民地支配当局をおおいに震撼させた。この一揆は、大農ばかりでなく都市部の知識階級にも支持され、ディノボンドゥ・ミットロという作家によって『ニル・ドルポン（藍鏡）』という戯曲に著わされて民衆に熱狂的に受け入れられ、民族意識を高揚させた。この戯曲はその後映画にもなっている。

それほどまでに重要視されていたインドの藍栽培も、一八八〇年にドイツのアドルフ・フォン・バイヤーによって植物からの藍と化学的にまったく同じ合成インディゴが発明されると、藍生産に世界は関心がなくなり、ベンガル地方でもインドの藍栽培は衰えて、二十世紀に入ると急速になくなってしまった。

今では栽培どころか、藍の木の姿さえベンガルのどこを探しても見当たらない。「家の畑のわきに生えている」と教えてくれる人も幾人かはいたが、行ってみるとたいていそれはタイワンコマツナギによく似たマメ科のナンバンクサフジ*Tephrosia purpurea*という畑の雑草だったのである。私たちが友人からもらったインド藍の種子は、ひじょうに貴重なものだったことに気づく。

今日でも、ベンガル地方には、イギリス人によって設営されたニル・クティ（藍製造工場）の跡がところどころに残っている。私たちが染めや縫製の仕事をしていたカトワの町に近いグワイという村にも一八〇〇年代のものと思われるニル・クティの藍製造槽の遺構があったが、藍製造槽の分厚い煉瓦の壁は大きく割れて、村人たちが燃料にする牛糞を投げつけて乾かすための壁面として利用していた。

しかし、近年また、薬用や化粧品用の天然藍の需要の高まりから天然の藍が見直され、南インドなどでは栽培・生産されるようになり、ベンガル地方でもその機運は高まってきている。藍の木の栽培から沈殿藍のケーキを作るまでには今でも大変な人手がかかるが、あの悪名高いニル・クティの再現になるようなことはもうないだろう。

小さな畑で柔らかく伸びた藍の木の枝を刈り取りながら、私は、このきゃしゃな木本がその内に大変な特質を隠し持っていることに敬意をいだくと同時に、その価値のために、飽くなき利益を追求する人間たちの歴史のなかで大変な役回りを負わされてしまったことを考えると、ちょっと複雑な気持ちになってくる。

日本の野山に生えるコマツナギはタイワンコマツナギやナンバンコマツナギと同属で一見似ているが、コマツナギはインディゴを含んでいない。

＊ナンバンクサフジ——ベンガル語でボン・ニル（森藍）とか、ジョゴリ・ニル（やぶ藍）と呼ばれる。

赤く乾いた大地のにおい

インドアスパラガス

インドアスパラガスは、インドに住んでいたころ、借りていた部屋の窓辺に植えられていた。鉄格子に絡みついたインドアスパラガスの爪のようにとがった葉（葉状枝）が、外が白んで見えるような夏の日差しをうけて、キラキラと光りながら揺れていたのを目にしていたので、私にはなじみの深い植物のひとつになっている。その思い出は、インドに行ってまもないころに出会った絵語り師（ポトゥア）のムクンド爺さんと絡みあっている。

空の青さを映して光るインドアスパラガスの葉を目にすると、今でもあの部屋の窓辺が目に浮かび、ムクンド爺さんが住んでいたサラノキ（サラソウジュ）の森のすがすがしい空気が胸によみがえってくるのである。

ムクンド爺さんたちの親族は、シウリの町から遠く離れたサラノキの森の中に住んでいた。先住民族のサンタル族が住む村の端に居を設け、サンタル族の神話を絵巻物にしてサンタル語で絵解きをして回るのが彼らの代々の仕事で、それはそれは魅力的な絵を描く人たちなのである。

私は初めて彼らの絵を見て、いっぺんでその虜になってしまった。泥絵具や植物の汁で描かれたサンタル族の神々や人、森の生き物たちは、みな素朴で愛らしく、また神秘的なのだ。私には、彼らの描く絵はそれまでに目にしたどの民画とも違って見えた。形式はあるのに個性的で、また装飾的でもない。簡単に描かれているのに、描かれた生き物がもつ本質をよく描き出していて、生々しく、どれも見ているうちになんともいえない親近感がわいてくるのである。とくにムクンド爺さんが描く絵には力があった。

私はよく泊りがけでムクンド爺さんの家を訪ねていった。バスを乗り継ぎ、森の道を歩き、四時間ほどかけてやっとサンタル族の村の端にある土造りの小さな家にたどり着いた。彼は、絵を描くこと以外、日常の暮らしぶりはサンタル人とまったく違わないようだった。私が行くと、そのたびに、彼は家の近くのサラノキの森に行き、樹下に生えるインドサルサの根を掘って煮出し、紅茶を入れてくれた。それはなんともいえないすうっとした大地のにおいがして、ひと口飲んだだけで元気が出てくるような気がした。その森にはインドアスパラガスも生えていたのである。彼は、「ショトムリ（インドアスパラガス）はどこだ。オノントムル（インドサルサ）はどこだ」と聞くと、「ここにいる」という声が聞こえるから、声のする方に行けばかならず見つかるといっていた。インドアスパラガスやインドサルサ

インドアスパラガス〔ユリ科〕

Asparagus racemosus
（ヒ）Śatāvarī, Satamūlī
（ベ）Śatamūlī
（サ）Śatâvarī

▶インドに広く自生する野生のアスパラガス。半つる性で高さ 2m 以上になる。葉状枝は長さ 6 ～ 13㎜でやや湾曲。夏，匂いのよい 6 弁の白い小花を総状花序につけ，秋に径 5㎜くらいの赤い実を結ぶ。

の根を掘ったりするときのムクンド爺さんは、子どものように無邪気だった。彼が砂糖煮にしてくれたインドアスパラガスの根も、やはりあの赤く乾いた大地のにおいがして、今でも忘れられない。

思い返せば、インドへ行ってまだまもないころは、見慣れない植物ばかり生えるインドの森はなんだかよそよそしく、そっけなく見えたものだった。とくに乾期の森はそう見えた。それが、時とともに不思議の宝庫のように思われるようになったのは、そこに生える植物の一つひとつと昔からなじんできたムクンド爺さんのような人によって、私も一つひとつ紹介を受け、だんだんとなじみになっていったからなのだろう。それは、見知らぬ人が、時間をかけて親しい友になっていくのと似ているような気がした。

インドアスパラガスは、日本の海辺に生えるクサスギカズラによく似た草である。アスパラガス特有の爪のようにとがった細い葉が（厳密にいえば、葉のように見える部分はじつは葉でなく枝が変化した葉状枝なのだが）緑のモールのようで美しい。ベンガル語ではショトムルとかショトムリといい、ムクンド爺さんもそう呼んでいた。その意味は百の根をもつという意味である。その名前のとおり、インドアスパラガスは太くて白い多肉質の根を株際から地中へと何本も出し、数年を経たものは、全体で一〇〜一二キログラムにもなる。

ムクンド爺さんの家へ行くバスの中継地で、ショトムルのモロッバ（砂糖煮）を売っていた。それがその町の名物だったので、爺さんの家を訪ねるときにはよく買っていった。だが、ショトムルのモロッバはただ甘いだけで、おいしいというよりは、白く透きとおっていて、美しいといったほうがいい。根の中心に一本堅い筋がとおっていた。ムクンド爺さんは、そのモロッバを喜んで食べてくれたものである。アーユルヴェーダ医療では、その根は赤痢や声割れに効くとされている。

インドアスパラガスの葉は美しいので、観葉植物としてよく鉢植えにされたり、庭に植えられたりしている。今でも、インドアスパラガスのあのとがったつややかな葉に出会うと、私の脳裏に、初めて行ったサラノキの森の空気や赤い土のにおいがよみがえり、ムクンド爺さんのことが思い出されるのである。

春の妖精

オクナ・スクアロサ

冬のあいだじっとしていた植物たちが南風にさそわれて少しずつ動きだすと、人の心までなんだかそわそわしてくる。ベンガルの冬はそれほど寒くはなく、多くの植物が葉を落としてしまうというわけではないけれど、それでも生彩を失って、乾いたベージュ色の大地に同化している。そんな景色の中で、落葉樹の枝先にちらほらと緑が見えだすのが二月の終わりである。まず、シムル（キワタ）が、葉を落とした高い枝を、大きくて真っ赤な花でにぎわす。その下では、明るい緑色をしたワサビノキの繊細な葉が風にさやぎだし、白い小花をたくさん咲かせて甘いにおいを漂わせはじめる。

オクナ・スクアロサの花が咲きはじめるのはそれからしばらくたって、春もたけなわのころである。赤みがかったつややかな新葉を枝先に広げ、それと同時に、まるで蠟細工のような透明感のある黄金色の花を開きだす。農村に住む友人の家を訪ねたとき、生け垣に囲まれた、日だまりというにはちょっとまぶしすぎる一角に、ぱっと金色に光るオクナ・

オクナ・スクアロサ〔オクナ科〕
Ochna squarrosa
（ヒ）Rāmdhan campā
（ベ）Kanak cā̃pā, Bāsantī
（サ）Kanaka campā
（英）Mickey Mouse Plant

▶高さ３ｍあまりの落葉小高木。春，長さ６～12㎝の長楕円形で，鋸歯のあるつややかな葉を出すと同時に，径４㎝くらいの美しい黄色の花を咲かせる。花後がく片は残存，肥厚化し花床ともに赤変し，３～８個石果をつける。インド，ミャンマー，スリランカに分布。

スクアロサの花が咲いていた。ふつう、森林の周辺部などに生える小木だが、美しい花を咲かせるのでだれかがそこに植えたのだろう。その美しさは、庭木の花とは違って、ひと言できれいとはいいきれない、どこか野性の粗野な部分を残した美しさなのだ。もし、インドにも春の妖精というものがいるとしたら、日だまりで光を放つように咲くこのオクナ・スクアロサのような花に棲んでいるに違いないと思った。

オクナという属名は、ホメロスが野生のヤシにたいしてもちいた古代ギリシャ語名に由来しているという。ベンガル語名にはコノクチャンパ（金のキンコウボクの意味）の名がある。詩聖タゴールは花を愛し、森に咲く名の知れない野生の木々にも自ら名前をつけていた。彼がオクナ・スクアロサにつけた名前はバションティで、彼が設立したシャンティニケトンの大学の近くでは、このバションティの名で呼ぶ人が多かった。「春の」とか「森の女神（＝ドゥルガー）」とかといった意味である。私がオクナ・スクアロサの花に妖精でもひそんでいるような美しさを感じたのは、まったくひとりよがりなことではなかったのかもしれない。

サンタルの人たちはこのオクナ・スクアロサの花のことをキンコウボクと同じくチャンパ・バハ（花）と呼んでいる。根は蛇にかまれたときの傷の手当てに用いられるという。樹皮は消化薬、葉は煎じて皮膚軟化剤として使用されるという。近年、放置された空地の茂みや道端のやぶも整備されて、庭に植えられるほどではないけれど美しい花を咲かせるオクナ・スクアロサのような木は、めっきり少なくなってしまった。

この属は、花の後にがく片と花托が肥大してまっ赤になり、数個の球形の石果をつけるが、その形がミッキーマウスのように見えるので、英語ではミッキーマウス・プラントと呼ばれている。

とげだらけの枝

カイル

　ラージャスターンの荒野をバスで行くと、いたるところでこの植物を目にする。岩がちの荒野や、道路わきの乾いた砂地に、葉のない、緑色をしたとげだらけの枝が、ぐしゃぐしゃと絡まるように茂っている。砂ぼこりにまみれたその姿は、見るからになんの役にも立ちそうにないただの道端の小やぶで、大方の人が、そこにその植物が生えていることにさえ気づかずに、とおり過ぎてしまう。

　ジョードプル郊外の砂漠にある友人の家を訪ねたとき、その道端で小やぶをなしていた植物が、やぶというよりは、人の背丈を超す、もうりっぱな木に育っていて、村の人びとにひじょうに大切にされているのを見た。ラージャスターンの村の人は、その植物をカイルとかケールとかと呼んでいた。

　友人の家を訪ねたのは雨季が終わった九月ごろ、砂丘と砂丘のあいだの低い土地にはまだ雨季に芽生えた草が産毛のように残って大地をうっすらと緑に染めているころだった。

カイル，ケール〔フウチョウソウ科〕
Capparis decidua
（ヒ）Kair
（ラージャスタニー）Ker, kerro

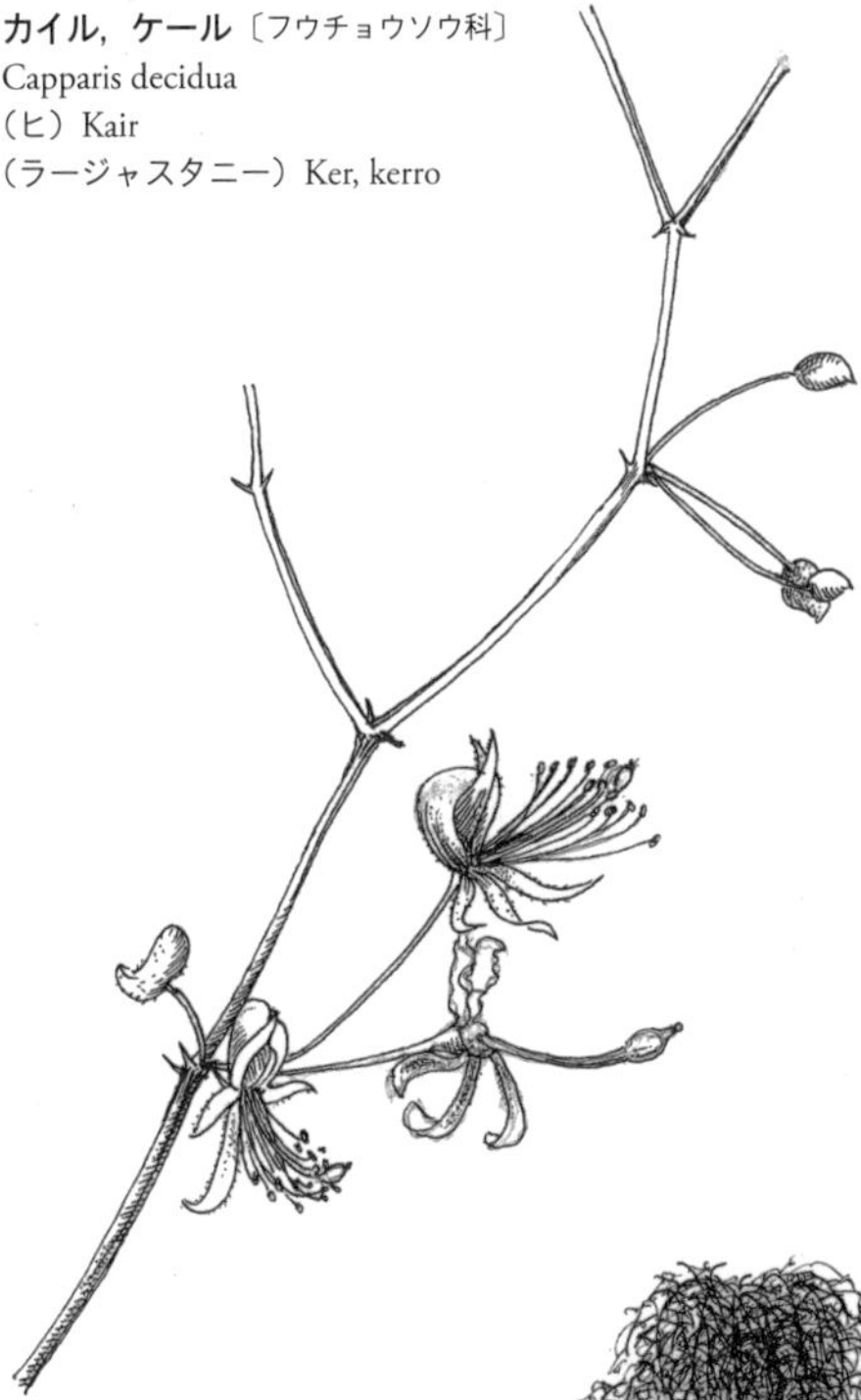

▶まれに高さ 5 m になる。枝は円柱形で分枝多い。冬に出る新梢に長さ 12 ㎜くらいの楕円形の葉が出るが，すぐに脱落。托葉が変化したとげは直長で鋭くとがる。花は橙色，春と雨季後に咲き，5 月と 10 月に径 1 cm 前後の球形桃色の果実をつける。インド，中近東からアフリカに分布。

村の外れに行くと、とげだらけの枝にオレンジ色の小片をいっぱいつけた木が砂地に点々と立っているのを見た。近づいてみると、それは大きなカイルの木で、色づいた葉か、さやのようにも見えた赤い小片は、花だった。コーラルレッドやオレンジ色をした小さな花たちは、極楽鳥（フウチョウ）を思わせるようなおもしろい形をしている。それまでに、道路わきの小さなやぶ状のカイルしか見ていなかったので、幹の直径が二〇センチメートルを超え、見上げるように大きく、愛らしい花をたくさん咲かせているカイルの木を見ると、「おや、あなたはこんなに大きくなって、こんなにきれいな花を咲かせるんですか」といいたい気持ちになる。

花の後につくカイルの小さな実は、熟れると赤くなるが、村の人たちはそれを青いうちに摘んでピクルスにする。バザールでは、このカイルの実はとても高価なのだそうだ。花の形やツンツンとたくさんの雄しべが長く伸び出たようすを見ると、フウチョウソウの仲間だというのは、想像がつく。そういえばフウチョウソウの実もピクルスにされて、巻いたアンチョビーの芯などにちょこんと添えられている。私は宿のおばさんにせがんで、その晩カイルの実を食べさせてもらった。小さなランプの薄明りで食べたカイルの実は、ケージュリーと呼ばれる、やはりその沙漠の地に生える少ない樹種の一つマメ科プロソピス属の豆さやとともに料理され、どんな形をしていたかあまりはっきり覚えていない。しかし噛んだときのプツッとした歯ごたえと、唐辛子の辛味がなじんだカイルの酸味あるおいしさは、今も覚えている。若い枝は歯の沈痛に使われるそうである。

その後、私と友人は、タール砂漠の縁に位置するクリーという美しい村を訪ねた。ラクダに乗って砂漠と近隣の村々をひと巡りした。アラビアゴムモドキやカイルの木に囲まれた村には、円錐形の藁屋根を帽子のように載せた円筒形の土の家が並んでいた。友人はジョードプルの都会育ちだったが、田舎風にねじったターバンをぐるぐる巻きにしたらいかにも似合いそうな青年で、歳の割りには思慮深く、砂漠から村にはいる前には、そのつど、私にラクダから降りて手綱を引いて歩いてとおるようにいうのだった。ラクダに乗ったままよその村の中をとおるのは無礼なようである。そういう気遣いが、昔の日本人にも似ているような気がした。

途中、さざ波のような風紋を残した砂丘と砂丘のあいだに広がる低い平地に、とげの多いアカシア属の木々に交ざって、このカイルの木が大きく育っているのを見た。立ち上がった幹からぐしゃぐしゃと垂れるように伸びるとげだらけのカイルの枝も、乾ききった砂ばかりの世界では、青柳のようにみずみずしく見えるのだった。

カラム

地上に最初に生えた木

サンタル人の創世神話の出だしにこんな話がある。

初め、世界はただ水に覆われていた。そこへサンタルの偉大な神マランブルが天から沐浴に下りてきて胸のあかから二羽の鳥をつくった。鳥はすぐに飛ぶことを覚えたが、どこにも止まる所がなかったので、またもどってきてマランブルの手に止まった。神は考えあぐね、爪を噛んで捨てた。すると、そこにカラムの木が生えた。そしてあごひげをむしって捨てると、クスクスカヤ（ベチバー）の茂みができた。そこに鳥は巣をつくって二個の卵を生んだ。その卵から最初の人間の男女ピルチュハラムとピルチュブリが生まれた。

この話はインドへ行ってまもないころ、サンタルの村々を、絵巻物をもって見せて歩くサンタル・ポトゥアの人たちから聞いたのだが、地上に一番初めに生えたそのカラムの木

カラム，ハルドゥ〔アカネ科〕

Adina cordifolia
（ヒ）Haldū, Karam
（ベ）Keli-kadam, Dhūli-kadam
（サンタル）karam
（サ）Dhūli-kadamba

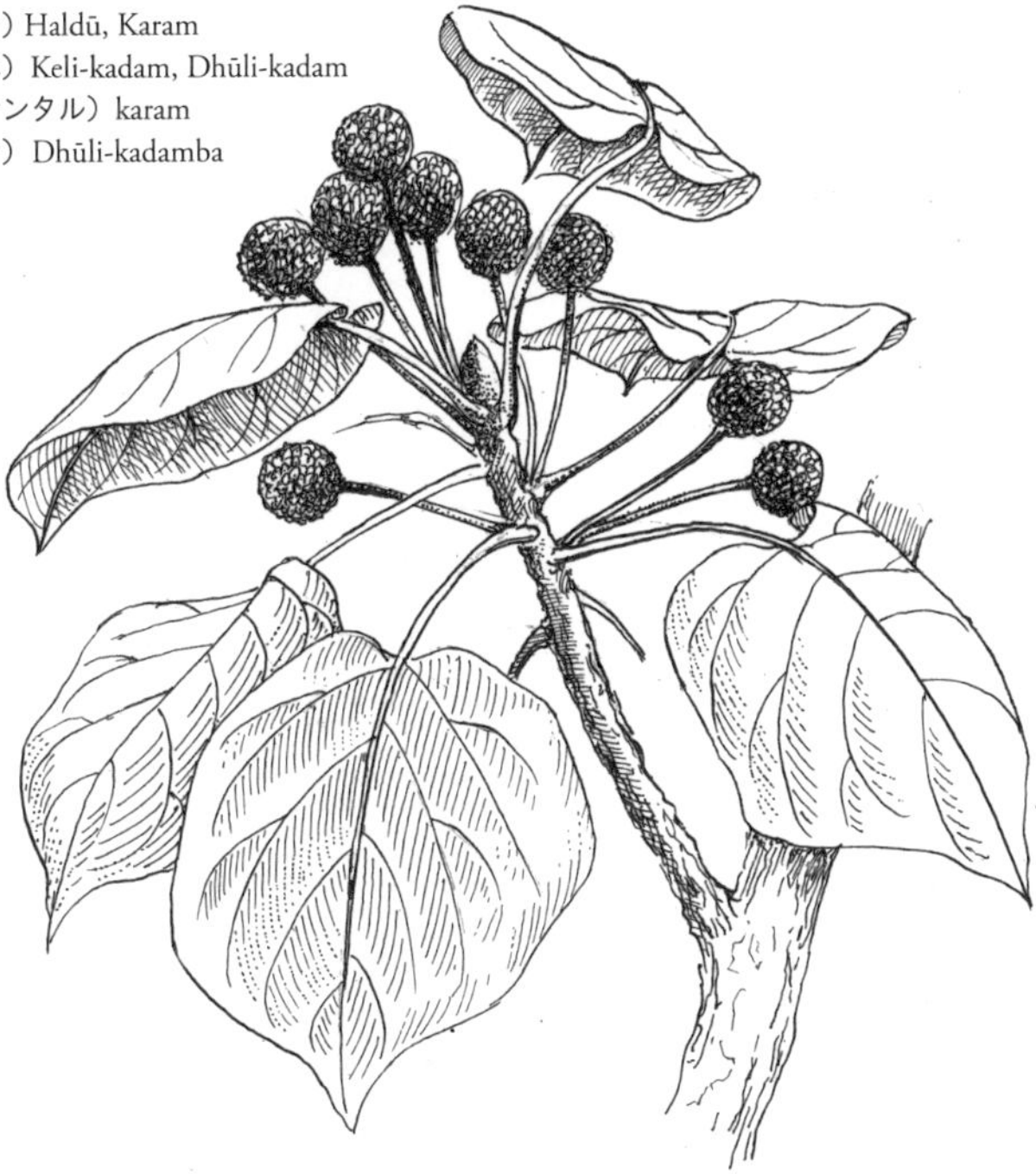

▶ときに高さ 30 m になる落葉高木。樹皮灰褐色。葉は対生。葉柄長さ 5 ～ 7.5㎝。葉身は円形で先がとがり幅 10 ～ 20㎝，全縁，裏面軟毛。径 23㎜くらいの濁黄色の頭花を多数つける。インド，スリランカ，ミャンマー。

というのはいったいどんな木なのだろうと思っていた。クリシュナに縁の深いカダムバ（クビナガタマバナノキ）は、においのよい美しい丸い花の玉をつけ、人びとにも好まれるし、ヒンディー語でカダムとも呼ぶので、もしかしたらそのカダムバのことなのだろうかと思ってポトゥアに聞いてみると「そう、そう」という。私は、カラムはカダムバと同じものといつのまにか思い込んでしまっていた。しかしのちにサンタルの友人の家を訪ねたとき、カラムの木の本当の正体がわかった。友人の父親は物静かな初老の紳士で、ひじょうに物知りな人だった。彼は私を村から遠く離れた所にあるカラムの木の下まで連れていってくれた。それはやはりカダムバと同じアカネ科の高木で、青い空を背景に皮質の丸い葉を枝いっぱい茂らせ、その陰から丸い花の玉をのぞかせていた。だが、カダムバとは違って、その花の玉は小さく、薄汚れた灰白色であまりきれいとはいえないものだった。友人の父親は、「このカラムの木は私たちのカラム・プジャという祖霊祭や、そのほか結婚式、葬式などいろいろな儀式には欠かせない木で、サラノキと並んで大切な木なんだよ」と説明してくれた。

サンタル語でカラムと呼ばれるその木は、インドボダイジュやベンガルボダイジュほど頻繁に目にする木ではない。ヒンディー語でハルドゥー、ベンガル語でケリ・コドムとか*

ドゥリ・コドムとかと呼ばれているが、ヒンドゥーの人びとにとっては神聖な木でもなく、木材として利用されているくらいである。だが、ベンガルからはるか遠くインドの西端に位置するグジャラート州の少数民族ラトワの人びとのあいだでも、カラムと呼ばれる木があってひじょうに神聖視されている。サンタル人がカラムと呼ぶ木と形態的によく似ていて同種と思われるが、その木も、やはりラトワ族の祖霊祭で主役を務め、彼らの精神世界においてたいへん重要な意味をもっている。一つの木が同じインドの中で、民族、宗教によって重要性がまったく異なっているのが興味深い。

薬草の本には、カラムの樹皮は解熱によく、樹皮から採った汁は傷口のウジによいと書かれている。

*このベンガル語名は、Mitragyna parvifolia にも充てられる。

瓔珞にひけをとらない美しい花

キダチヨウラク

初めてガマルという木の名前を聞いたのは、こんなおもしろい昔話の中だった。

ワニが、自分の七匹の子に教養をつけさせようと、賢いことで有名なジャッカル先生の所に預けた。するとジャッカル先生は、教育するどころか、その子どもたちを毎日一匹ずつ食べて、一週間後にはみんな食べてしまった。ようすを見に来たワニはそれを知って怒り、仕返しをしてやろうと、ジャッカルがカニを喰いにくる水辺で待った。

案の定、ジャッカルがカニを喰いにくると、ワニは水中からジャッカルの足に嚙みついた。ところがジャッカルは、痛いのをがまんして、こういった。

「はは、あんたが嚙んでいるのはガマルの木の根ですよーだ」

これを聞いたワニは、「あれっ、まちがったかな」と思って、ジャッカルの足を離し、そばに突き出ていたガマルの木の根のほうを嚙みなおした。そのすきにジャッカルは

キダチヨウラク〔クマツヅラ科〕
Gmelina arborea
（ヒ）Gamhār, Gaṃbhārī
（ベ）Gāmār
（サ）Kāśmarī

▶落葉高木。葉は対生，心形全縁（幼木葉は浅裂）で裏面に微細な白毛を吹く。花冠径 2.5㎝，花筒外側および先端 5 裂片の上 4 片が茶色，下唇弁と花筒内部は黄色。液果は長さ約 28㎜卵形で黄熟し，可食。

足を岸に引き上げ、「おばかさん」とワニにいい残して逃げて行った……。

話の中で、ガマルにはたいした意味はなく、ほかの木の根でもいいのだが、私はガマルという木が気になった。聞くところによると、黄色い美しい花を咲かせ、その実も食べられ、マサーラー（スパイス）にもなるとか……。

ガマルの和名はキダチヨウラク（木立瓔珞）。瓔珞《ようらく》とはインドの貴族たちが身に着ける貴金属や珠玉を糸にとおして綴った装身具や、仏像の天蓋や建物の破風につり下げる飾りのことである。いかにもインドらしい美しい名前だ。きっと瓔珞にひけをとらない美しい花が咲くのだろう。私はその花を見たいと思った。

あるとき、ベンガルの友人が、ピンクがかった美しい色の木を彫って、ペンダントを作っていた。聞くと、ガマルの材だという。生木のうちはクリーム色からピンクがかった明るい色をしていて軟らかく細工しやすいが、乾燥すると黄褐色なり、堅くなるのだそうだ。彼のお兄さんの家の庭に二本植えてあるというのでさっそく見に行くと、それはまだ人の背丈ほどしかない幼木で、白い肌をした木の枝先に、裏が白い、フヨウに似た切れ込みのある葉を対生につけていた。「これでは、花を見るにはあと何年もかかるだろう……」。

だが、ガマルの成長は思ったより早かった。それから三年ほどで、その二本の木はもう二階の屋根に届くほど大きくなっていた。そして、幼木のときにはフヨウのように浅い切れ込みがあった葉は、まったく切れ込みがなくなって、ハート形に姿を変えていた。

ガマルは、冬にはほぼ葉を落とす。そして暑くなり出す四月の終わりごろに、新葉が開くのに先駆けて枝先から花序を出す。こずえの方をよく見ると、その二本のガマルの木はすでに小さなつぼみをつけた花序を出しはじめていた。そして数日のうちに、つぼみはみるみるうちにふくらんで、枝先を飾りはじめたのである。

花は、ゴマやキンギョソウのような筒形をしていて、先の方で五つに分かれている。そのうちの唇のように長く伸びた下の裂片が黄金色で、ほかの裂片や筒状の部分はえんじ色がかった赤銅色をしている。ベンガルの強い日差しの下で、それらの花は、まるで銅や金でできているのではないかと思わせるような、金属的な光を放っているのである。まさに瓔珞のように美しく思われた。手折ってみると、そのにおいは単純に甘いというのではなく、ちょっと臭みも混じって、黒糖のようなにおいなのだ。実は食べられると聞いた。食べてみたいものだと思った。

その数年後、洋梨のような形をした小さな黄色い実がなっているのを見つけ、食べてみた。甘味はあるが、渋みとちょっとしたいやなにおいもして、あまりおいしいといえるようなものではなかった。

キダチヨウラクはインド、バングラデシュ、ネパールからミャンマー、タイ、マレーシアなど東南アジアにも自生が見られる高木で、公園や街路にも植えられる。ふつう高さは一八メートル前後だが、ときに三〇メートルにもなる。若い枝や葉は家畜が好んで食す。材はじょうぶで、シロアリに強く、家具、建築材としても優れているという。

効きめのある苦み

ギマ・シャーク

ベンガルで私がいつもお世話になる友人の家に、ときどき姿を現しては、ニガウリやユウガオの実、野菜などを置いていく青年がいた。彼は友人の従兄で、その家から一〇キロメートルほど離れた村に住んでいるというが、町へ出てくるときにはかならず友人の家に寄って、そうした手みやげを置いていくのだった。彼は、いつもにこにこしているだけで無口だったが、ひじょうに働き者で、友人の家で藁屋根を葺き替えるときなどは、誰よりも頼りにされていた。

あるとき、彼は自分の畑のわきから摘んできたという、小さな野草をビニールの袋にいっぱい詰めてもってきた。ギマ・シャークという、池の端などの地面に這いつくばるようにして生える小さな雑草だそうだが、料理するととてもおいしいのだという。

その昼、友人の母親はそのギマ・シャークの炒め物を作ってくれた。ほろ苦い味が、ご飯とよく合い、なるほどおいしいと思った。

日本にも苦みを楽しむ野菜として、ニガウリ、フキなどがあるが、ベンガルには、苦みを楽しむ野菜がとても多い。ニーム（インドセンダン）、ニガウリ、実が長さ三、四センチメートルくらいしかない小粒のニガウリのウッチェなどなど。とくにニームの葉っぱは苦み調味料として、ナスやフジマメのさやなどの料理に使われる。野草としては、アーユルヴェーダの薬草としても名高いオトメアゼナや、このギマ・シャークなど、苦い味の物は数多い。

ギマ・シャークは、消化促進、整腸作用があるという。月経不順の女性、多尿の人は、食事とともにこの野菜をとるようにするとよいそうである。また肝機能が低下している人は週に三、四回野菜カレーとして、またはマメといっしょにすりつぶしてつくねにして食べるように心がけるとよいともいわれる。

友人の従兄がギマ・シャークをもってきてくれて以来、私はそのマイルドな苦みの虜になり、野道を歩くときは、この草が生えていないか足もとを見ながら歩くようにしているが、道端というよりは日当たりのよい池のほとりの土手などに多く生えている。

友人と朝のバザールに買物に行ってみた。トマト、ジャガイモ、タマネギなどを売る店

ギマ・シャーク〔ザクロソウ科〕

Mollugo oppositifolia Linn.
M. spergula Linn.
（ヒ）Jimā, Gīmā-sag
（ベ）Gīmā-śāk, Jīmā

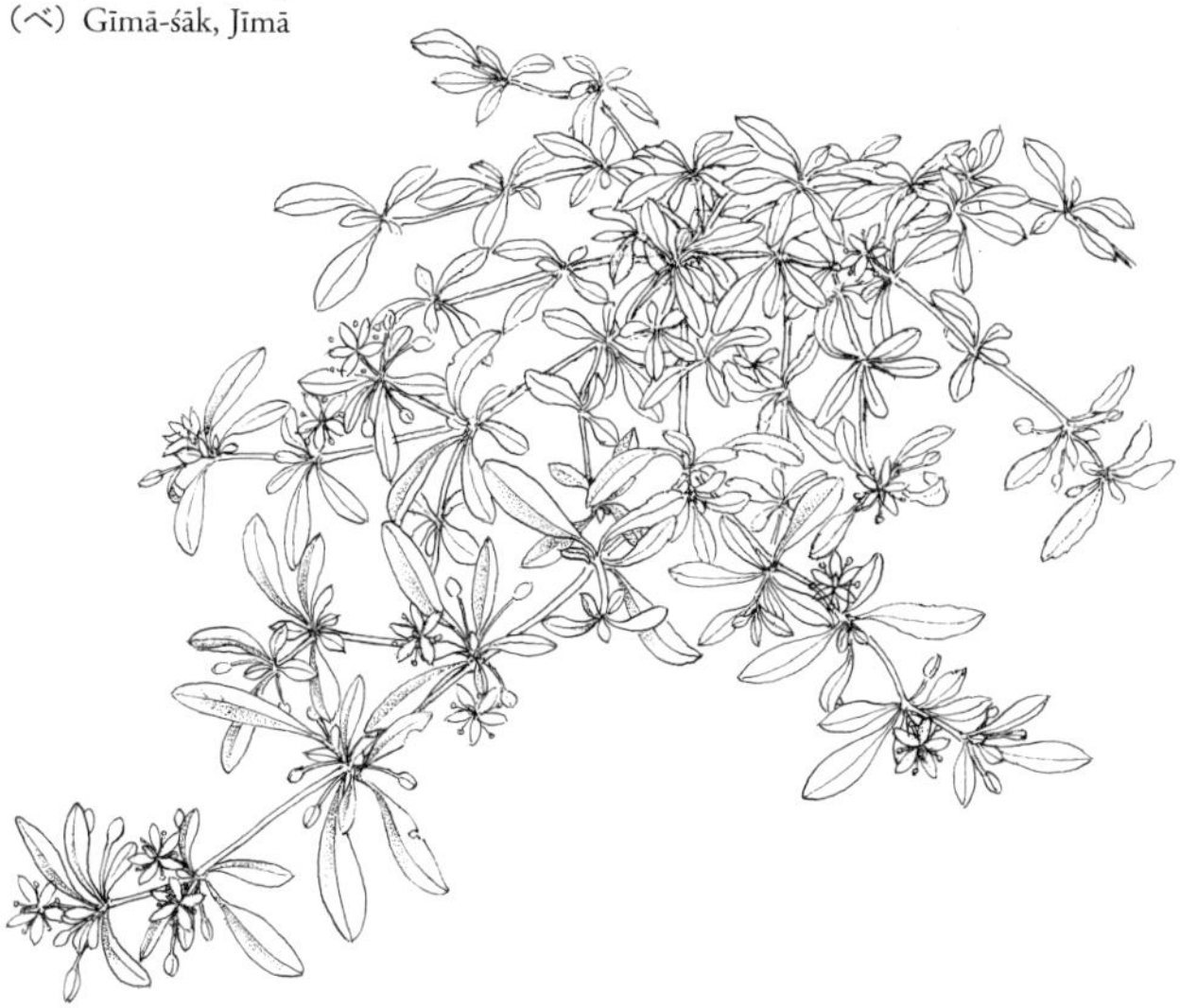

▶田畑の地表に広がるように生育する無毛の一年草。葉は長さ 13 ～ 22㎜幅 3 ～ 6㎜の倒披針形で 3 ～ 6 枚の偽輪生または対生。花は径 5 ～ 8㎜の白い五弁花で，葉腋から出る散房花序につく。小花梗は長さ 6 ～ 13㎜。

から少し離れた道のわきで、村から出てきたお婆さんたちが小さなござに野菜を広げて、寄り添うように座っていた。見ると、自分たちで摘んできたいろいろな野草に交じって、ギマ・シャークが並べられている。私はギマ・シャークが市場で主流の野菜と肩を並べて売られているのを見て、なんだかとてもうれしくなり、さっそく買って帰った。

「私たちのバギーチャー」

キョウチクトウ

桃色や白のキョウチクトウは、公園や庭、学校の生け垣、また都市公害にも強いというので道路の中央分離帯などにも植えられて、日本でも夏の花木として親しまれている。寒さにもけっこう強いが、その故郷はインドから地中海の沿岸にかけてだという。

デリーの友人の家の屋上には、プランターや大きな鉢が並べられ、花木や草花が植えられていた。友人が「私たちのバギーチャー（庭）」と呼んでいたその屋上には、鉢植えのキョウチクトウもあった。そのキョウチクトウは、強い日差しの下で、深紅の花を咲かせていた。私たちは、まだ日が高く昇らない朝、その鉢植えのキョウチクトウのわきのテーブルでよく朝食を楽しんだ。晴れわたったインドの青空を背景に、くっと目に食い込んでくるような濃い紅色が、やけに美しく見えたものである。

ベンガル地方ではこの深紅のキョウチクトウをロクト・コロビ（血色の夾竹桃）と呼んでとくに珍重している。

キョウチクトウの茎や葉を切ると白い液を出す。植物全体に毒があり、家畜があやまってこれを食べると死ぬことがある。インドの牛やヤギたちもこれを知っているようで、キョウチクトウを食べるようなことはあまりない。しかし、馬が戦争に活躍していた昔には、相手の馬を殺し、損害を与えるためにこのキョウチクトウが使われたようである。キョウチクトウのサンスクリット語名のHayamārakaやAśvamārakaは「馬殺し」の意味で、キョウチクトウのそんな用途からつけられたという。根はとくに毒性が強く、誤って人が食べると死ぬようなことになる。

しかしこの有毒植物も使いようによっては薬となり、根皮からはタムシや皮膚病などの塗り薬が作られる。キョウチクトウの花は、チョウセンアサガオやアコンなど毒のある花と同様、有毒植物が好きなシヴァ神への献花にも用いられる。

日本に帰って、葉山の住宅地を歩いていると、ある大きな家の生け垣から、インドで見たのと同じような深紅のキョウチクトウが枝を突き出して咲いているのに出会った。挿し木をするのにひと枝もらえたらいいのだが……と思っていると、ちょうどその家のご主人が庭に出てきた。ぶしつけにもその旨申し出ると、その家のご主人は「どうぞ、どうぞ」といって快くひと枝切ってくれた。私はその枝を数本に切り分け、鉢に挿した。その枝は

『とってておきインド花綴り』　**正誤表**

本書の学名と英名に表記の誤りがありました。
お詫びして訂正いたします。

学名

ページ	誤 → 正	索引ページも同様に訂正
71	ver. → var.	292　左列 16 行目
75	Crataeva → Crateva	293　右列 5 行目
89	antidysentrica → antidyseterica	293　右列 21 行目
113	guranatum → granatum	291　左列 3 行目
127	Eupholbia → Euphorbia	293　右列 15 行目
175	Diosphyros → Diospyros	293　右列 10 行目
（174、176 ページ本文中も同様に訂正）		
219	roxburughii → roxburghii	291　左列 20 行目
271	bergalense → bengalense	291　左列 5 行目
292	Mullugo → Mollugo	292　左列 13 行目

英名

ページ	誤 → 正
93	Poongam → Pongam
105	cabbege → cabbage
109	Bilinbing → Bilimbing
141	Suffron → Saffron
159	Soad → Sword
231	Seylon → Ceylon
235	Manglove → Mangrove

キョウチクトウ〔キョウチクトウ科〕

Nerium oleander ver. indicum

（ヒ）Kaner

（ベ）Karabī

（サ）Karabila,
Hayamāraka,
Aśvamāraka

（英）Oleander

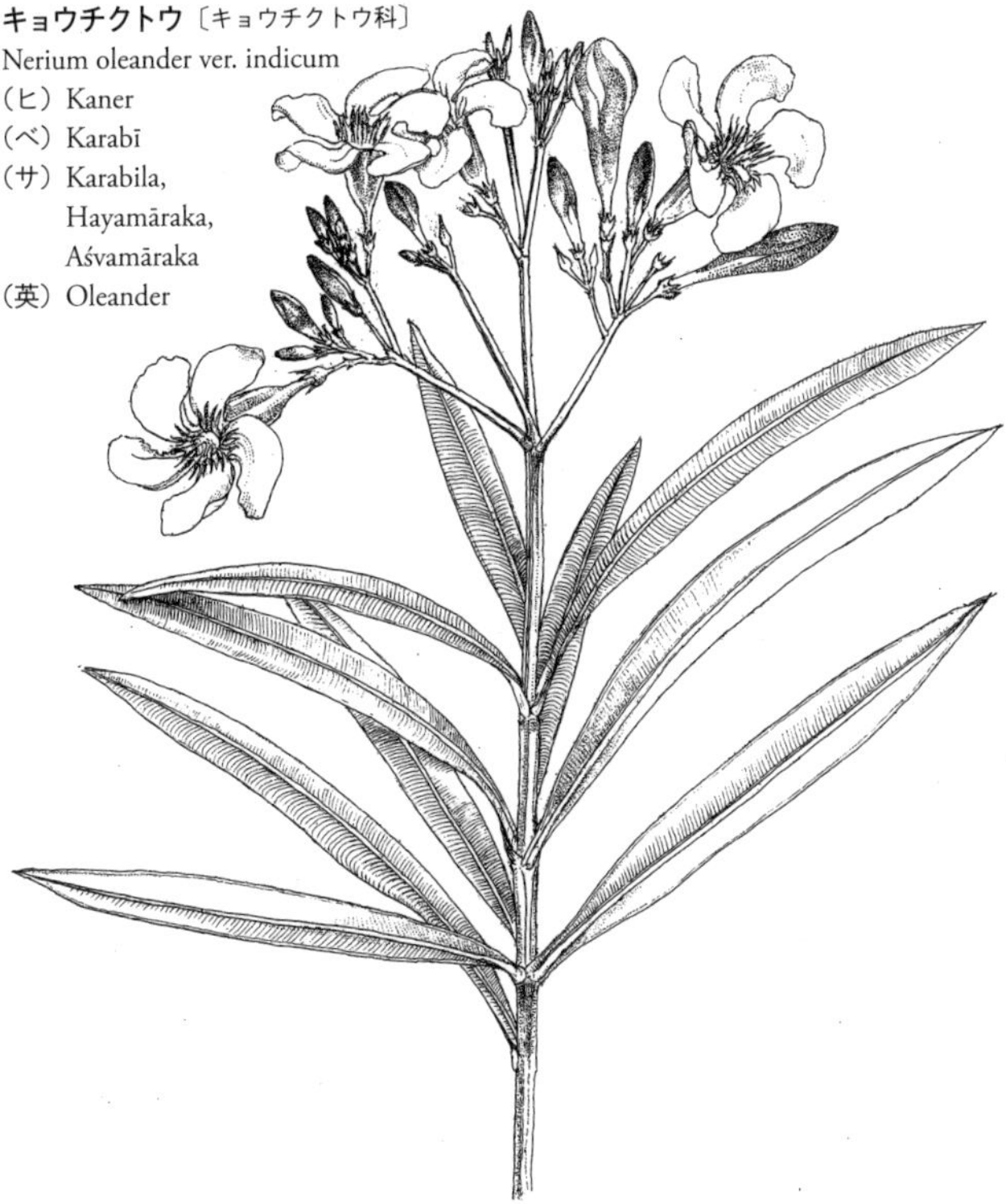

▶インド原産の常緑高木。葉は長さ 7 ～ 30㎝，長楕円形で 3 枚輪生。地中海地方原産の西洋キョウチクトウと酷似するが，花冠筒形上部の付属物が深く 4 ～ 7 裂し，芳香があることで区別できる。

根付いて数十センチメートルにまで育ったが、残念ながらその後に植えた場所が悪かったのか、ニューデリーの友人たちの「私たちのバギーチャー」に咲いていたような深紅の花を見せてくれないうちに、枯れてしまった。

ベンガルの夏の初め

ギョボク

あまり寒くもないインドの冬が終わり、二月も中ごろになると、日差しがにわかに強くなってくる。辺りの木々が新葉を繰り広げはじめると、それまで葉をほぼ落としていたギョボクも、柔らかな明るい緑の新葉を枝いっぱいに広げだす。それからまもなくして、いよいよ暑くなる前に、ギョボクは枝先に散房花序を出し、白または紫がかった白の美しい花をいっせいに開く。フウチョウソウ科の多くの花のように、垂れるように長く伸び出た無数の雄しべと雌しべがとても美しい。

ギョボクは、アフリカ、インド、東南アジア、オーストラリア、南太平洋の島々から台湾、日本西南諸島、九州鹿児島県南部以南と広く分布している。和名のギョボクは、釣りの擬餌作りに、細工しやすいこの木の材がよく使われたことから、ギョボク（魚木）と呼ばれるようになったということらしい。

私が住んでいたインドの西ベンガル州の内陸部では、ときどきは目にするものの、そう頻繁に見かける木ではなかった。私が初めてこの木を間近に見たのは、バングラデシュからの移住者たちが住む村の一角だった。バングラデシュでは、ギョボクはときどき民家の庭先にも植えられ、その葉が摘果したマンゴーなどの未熟果を熟れさせるために使われていたそうだが、それに代わってカーバイトが使われるようになってから、ギョボクの葉は使用されなくなったという。

ベンガルの夏の初め（四、五月）の稲刈りのとき、農家の婦人たちはギョボクの新芽を摘んで湯がき、タマネギとトウガラシを加えてあえ物にしたり炒め物にしたりして熱いご飯に添え、田で働く男たちに食べさせたものだという。また、昔は、年末のチョイトロ月末日（四月中ごろ）に、女の人たちはこのギョボクの花を摘んできて来る年の家内安全と幸福を願って小山にした牛糞の上に差すという儀礼をしたものだそうだ。

私が初めて間近に見たギョボクの木も、そうしたギョボクと密なお付き合いのあるバングラデシュからやってきた村の人たちによって、植えられたものにちがいない。生垣から大きく伸び出た枝の先に、ちょうどあの長いしべを垂らした白い美しい花を咲かせていた。インドでは、灰褐色の分厚い樹皮はアーユルベーダの薬として、古くから糖尿病、腎臓病、腎臓結石などの治療に用いられてきた。

ギョボク〔フウチョウソウ科〕

Crataeva religiosa

（ヒ）Varuṅ

（ベ）Baruṅ

（サ）Aśmarīghṅa

（英）Sacred garlic pear

▶高さ 10 mあまりの落葉高木。長さ約 10㎝の葉柄をもつ三出葉を互生。小葉は卵形から長卵形で全縁，先端とがる。花径約 4㎝，花弁 4 枚。開花時は白，後に黄変。多数の長い雄しべを下垂。液果は長さ 5 ～ 7㎝の楕円形から卵形。異臭があるが可食。

湿地や河岸に多く、花後幅三〜五センチメートルの卵形の実を結ぶ。果実は臭いが食べられる。セイクリッド・ガーリック・ペアの英名は、花が儀礼に使われることや、実のいやなにおいに由来するものと思われる。

瞑想の座

クシャソウ

インドの古典文学や聖典には、よく瞑想に座す修行者の描写がある。そして、そこにはたいてい、クシャという名の草が登場する。ブッダ生前のころも、クシャは修行者たちの瞑想の座に敷かれていた。イネ科の草にはちがいないようだが、それはいったいどんな草なのだろうか、見てみたい、という思いがわく。その草が生きている姿を目前にすることで、ブッダが生きた時代と、私たちが生きる今が、実感をもってつながってくるような気がする。

中村元著『ブッダ伝　生涯と思想』（角川学芸出版）の「悪魔のささやき」瞑想の項に、ブッダがクシャを瞑想の座に使うようすが垣間見られる。

ブッダは、それまで続けてきた苦行は悟りの道ではなかったことに気づき、苦行を捨てて托鉢に出かけ、近くの村に住むスジャータから乳がゆの供養を受けた。その後、インドボダイジュの樹下に座して瞑想し、悟りを得、ついでニグローダ樹（ベンガルボダイジュ）などの樹下に座して瞑想し、悟りの喜びにひたった。そのときのようすが次のように書かれている。

……ついでニグローダ樹のもとをたち、ネーランジャラー（尼連禅河）におもむき、沐浴し、身を清め、再び樹の根元に座し瞑想にふけります。草刈りからクシャ草の供用を受け、それを敷いて座を定め、禅定瞑想に入られたと伝えられています……

クシャ（和名クシャソウ、インドキチジョウソウ）は、仏典には吉祥草として登場するイネ科の多年草で、そのサンスクリット語名がクシャ。この草を敷いた座はクシャーサナ（クシャソウの座）と呼ばれている。クシャは、リグヴェーダにも、僧や聖仙の瞑想の座に敷かれるものとして登場し、『マヌ法典』（田辺繁子訳　岩波書店）にも、祖霊祭（シュラーッダ）の際に祭祀を行うバラモンの座に敷かれることが記され、儀式の記述からも、とても重要な役回りを受けもつ神聖な草であることがうかがえる。

また、旅先で死んだ者や行方不明になった者の葬儀には、この草で作った人形（クシャプトリカー）をその遺体に見立てて火葬する習慣があった。

瞑想の座に敷かれ、長時間その上に座すことになる草だから、よほど柔らかくて座り心

クシャソウ，インドキチジョウソウ〔イネ科〕

Desmostachya bipinnata Stapf.

（ヒ）Kuś
（ベ）Kuś
（サ）Kuśa, Darbha
（英）Halfa grass,
Big cordgrass

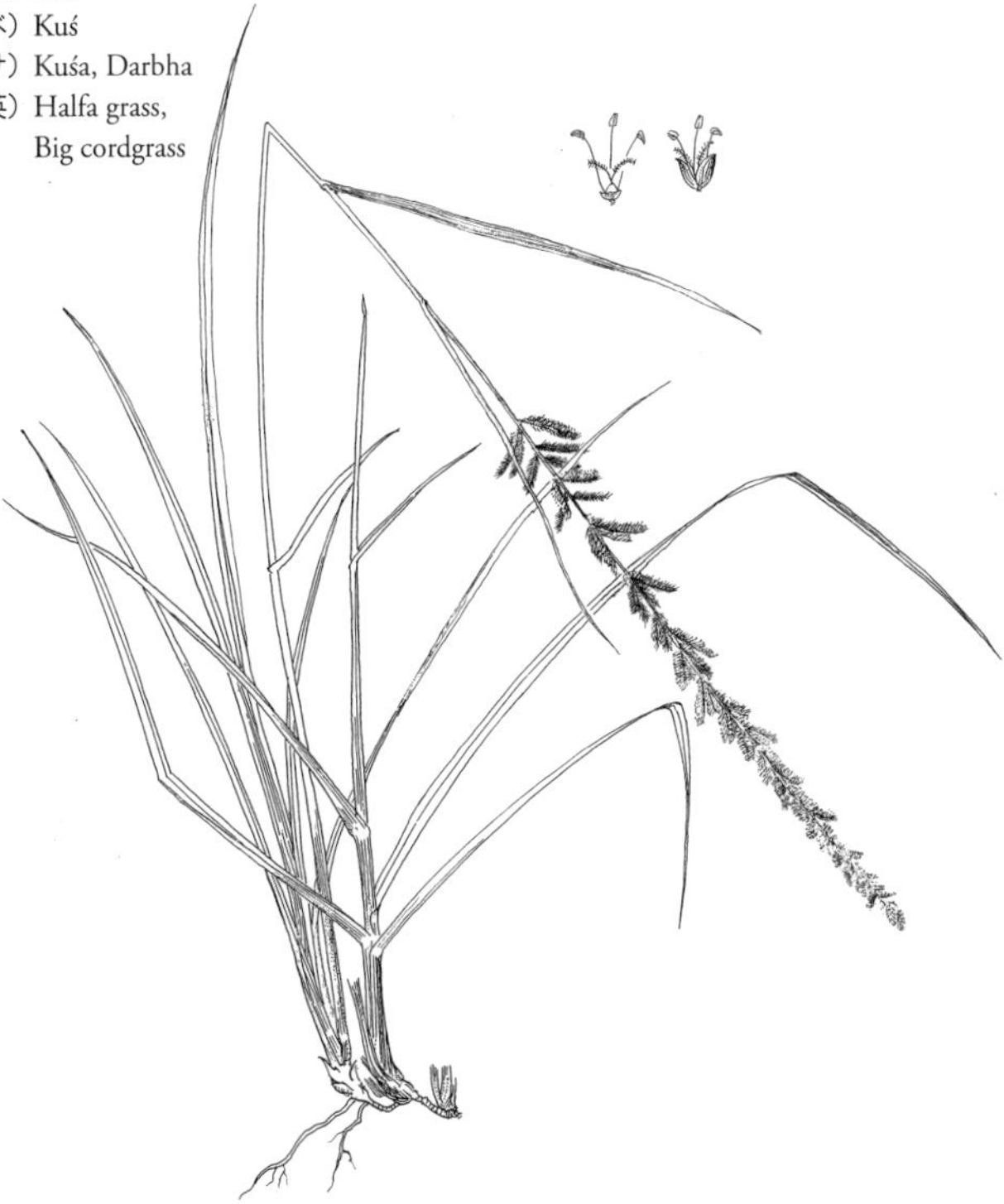

▶高さ 30 ～ 90㎝のイネ科多年草。地下茎はやや深く横に這い，群落をなす。葉は線形長さ 45㎝くらい，先端しだいにとがる。乾燥地にも生育し，牧草にも利用。花穂は褐色で高さ 25 ～ 45㎝，雨季に出穂し晩秋に結実。

地のよい草なのだろうと思っていたら、実物は意外とかたく、葉の縁にはススキのように触ると手が切れそうなギザギザまである。しかし、刈り取ってしばらくすれば、葉も乾いて丸く巻き、よいクッションになるのかもしれない。

十月の十日ごろ、久し振りにコルカタのシアルダー駅近くのバザールに出かけた。ドゥルガー・プージャー（祭）が終わって、町もようやく落ち着きをとりもどしたかと思ったら、その日はラクシュミー・プージャーだという。街角には粘土を型取って彩色したラクシュミーの像をたくさん並べて売っている人がいる。また、ござを広げて祭式に必要な物をいろいろと並べている人もいる。プージャーの護摩の火を焚くのに使うウドンゲノキやベルノキの枝、供え物の果実や花、ミロバランの実、そして束ねられて乾いたクシャの束が目にとまった。このイネ科の草は今日でもヒンドゥー教の儀式には欠かすことのできない植物で、バラモンの代わり身と考えられている。

しかし、そんなだいじな草でありながら、いざどれが本物のクシャかということになると、はっきりと答えられる人も少なく、なかなか分かりにくい。だいたいイネ科の草には似た物が多く、簡単には種の同定ができない物が多いので、数種の草を混同してクシャとしてしまうのは、無理もないことだ。また、現代の植物分類学の概念がなかったヴェーダの時代に、クシャと呼ばれるものに、数種の植物が含まれていたのは当然のことだろう。

多くの薬草学の書物で、真のクシャは、イネ科多年草 Desmostachya bipinnata とされている。しかし、今日、祭祀に必要なさまざまな品を売る店で、クシャとして売られているもののなかには、上記のクシャのほかに、カーシャと呼ばれる Saccharum spontaneum やチガヤ Imperata cylindrica などのイネ科の草本が含まれているのである。

ラクシュミー・プージャーの日に道端で売られていたのは、乾いて丸まっているのでよくわからないが、ほどいてみると、どうもチガヤの葉のようであった。いずれにしても儀式にクシャは必要で、なしでは済まされない。どうしても本物のクシャが手に入らないときは代用としてチガヤ、カーシャ、ムンジャソウ Saccharum sara Roxb. でもよいとされているとのことである。

コルカタの植物園の学芸員から教えてもらったクシャは、多くの図鑑に出ているとおりの姿をしていた。ワセオバナの近縁種カーシャよりも葉幅が広く、かといってチガヤほど広くもなく、縁にぎざぎざがある長さ七〇～八〇センチメートルくらいの葉をもつ草であった。葉だけでは見分けがつけにくいが、花穂を見れば容易にその違いがわかる。代用にされる前記の三種の穂はどれも白い綿毛に包まれているが、真のクシャの穂には綿毛がなく、褐色で独特な形状をしている。頻繁に見かける草ではないが、穂が出るころに注意して野を歩くと、クシャの群落に出会うことがある。一面、まっすぐにのびたクシャの穂が、まぶしい光の中で風にふるえているさまは、気のせいか、見る者の心に無常観を呼び起こすようである。

クシャ[*]の和名はクシャソウ、またはインドキチジョウソウとも呼ばれている。分布域はインドからシリア、北アフリカ。日本の林下にも、キチジョウソウという和名をもつユリ科の多年草が自生する。和名の由来は、その花が咲くとよいことが起こるからとか、またその由来はわからないとかとされているが、吉事の儀式には欠かせないインドキチジョウソウ（クシャソウ）と何か関係があるのかもしれない。

インドでクシャソウが神聖視される訳として、『バーガヴァタ・プラーナ』にある次のような神話が背景にあるという——ヴィシュヌ神は、アスラによって水中に投げ込まれてしまった大地を取り戻すため、イノシシに身を変えて水中にもぐり、その牙で大地を持ち上げ水上に固定し、マヌ（人間の始祖）の創造の場を作った。そのとき、水中から上がったイノシシは身体を震わせて水を落としたが、その水滴とともに落ちた毛がクシャソウになったのだという。

クシャソウすなわちインドキチジョウソウと日本のキチジョウソウは縁の遠い植物だ

が、どちらも平行脈を持つ単子葉植物で、地下茎を縦横に這いめぐらせて一面に広がり、株際から穂状の花穂を出すところなどの共通点もある。ブッダが瞑想の座に敷いたはるか遠く天竺の地の吉祥草（クシャ）の特徴を伝え聞いた日本の学僧たちは、いろいろと想像して、日本の林下に生えるユリ科の多年草にその姿を見いだしたのかもしれない。

＊クシャの和名――クシャソウ、インドキチジョウソウ。仏典には吉祥草とある〔『仏教植物辞典』和久博隆編著　国書刊行会〕。

メキシコ生まれ

クズイモ

インドで暮らすようになってまもないころ、なんの神さまの祭礼だったかは覚えていないが、お参りに行ってきたという近所の人が、「手を出しな、お供物のおすそ分けだよ」といって、白くて小さなカルメ焼き（バーターシャー）や、切ったバナナやリンゴ、水でふやかした生米などを手のひらに載せてくれた。ありがたい物だそうだ。米をふやかした水が、お腹を壊しそうでちょっと怖かったが、手のひらに載せてくれた以上、返すわけにもいかず、えいっ、と口に放り込んだものである。

お供物（プラサーダ）の果物は季節によっていろいろ変わる。そのなかによく、白くてさくさくした歯触りの、生のイモのような物があった。水気が多く、甘くて澱粉質。聞くと、ベンガル語でシャンク・アルー（法螺貝・イモという意味）という物だそうだ。イモというから根には違いないが、なんの根だろうかと気になった。いつも賽の目に切られた一部分しかお目にかからないので、長いこと正体が分からずにいたが、あるとき、市場でシャ

クズイモ，ヒカマ〔マメ科〕

Pachyrhizus erosus
（ヒ）Miśrīkaṃd
（ベ）Śā̃kālu
（英）Yam-bean

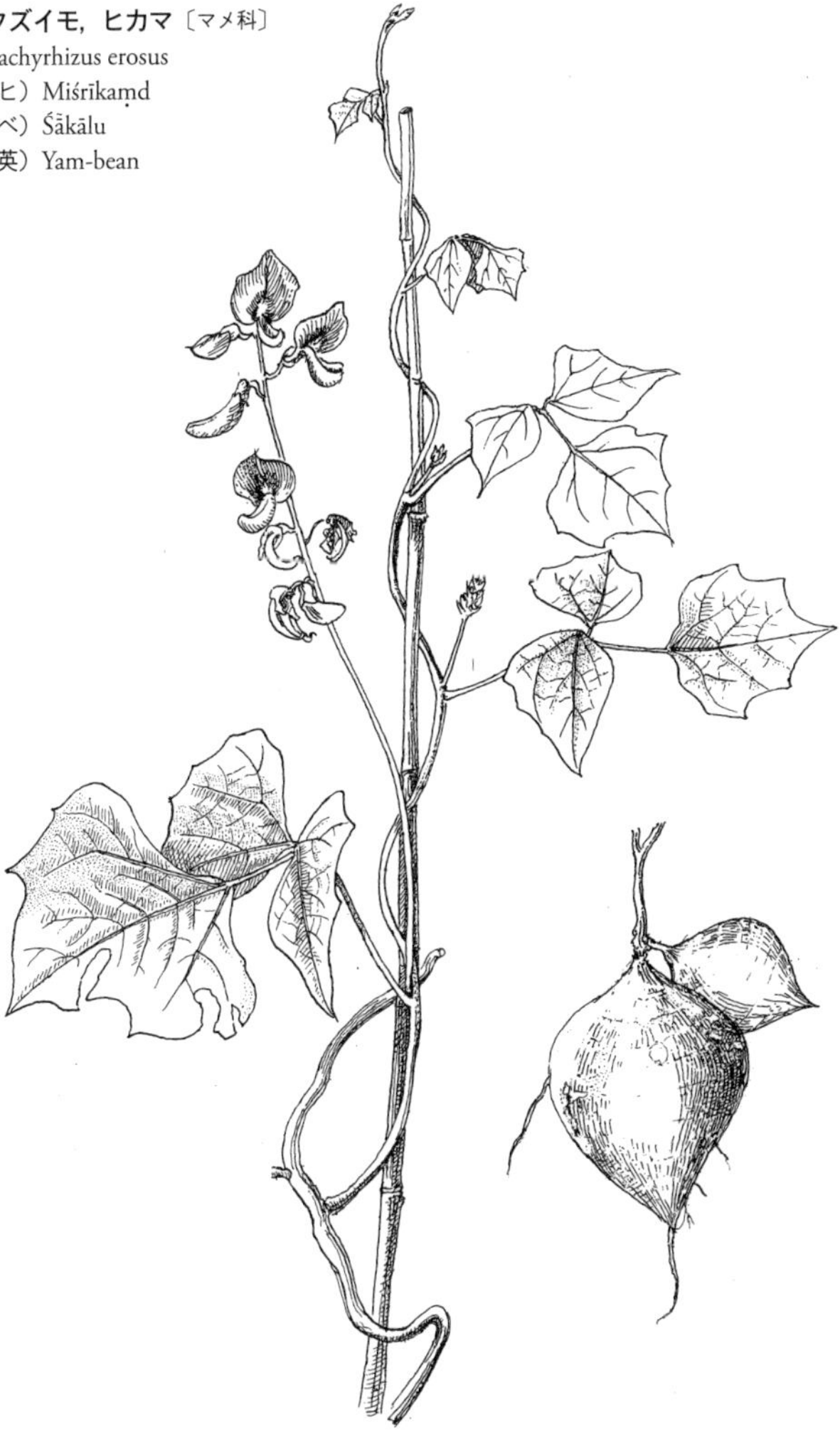

▶つる性の多年草。白い塊根は肥大して径 30㎝にもなる。葉は三出葉。花は紫から白の蝶形花で総状花序につく。さやは長さ 7.5 ～ 14㎝幅 1 ～ 2㎝で，中に角形または腎臓形の扁平な種子を 4 ～ 9 個含む。

ンク・アルーが売られているのを見つけた。繊維質の白褐色の皮に包まれ、上部と下部がとがっていて、一見太ったダリアの球根のような形をしたイモがかごに山盛りにされていた。なるほど法螺貝にちょっと似ていなくもない。イモは見たが、それでも、なんの根なのだろうか、という疑問は残ったままだった。

その地上部を見、真の姿を見たのは、コルカタ郊外のゴリア駅近くに住むようになってからだった。当時のゴリア駅付近は池とタマリンドの大木に囲まれ、その外には見渡すかぎり水田が広がるひなびた田舎町だった。近所の庭の垣根に絡んで伸びあがり、軒先あたりで淡いワインレッドの花を咲かせているマメ科のつるがあった。友だちがいうには、それがシャンク・アルーということだった。花も葉もクズに似ている。マメ科植物の根(塊茎)だったとは考えてもみなかったが、そういえば質感もクズに似ていなくもないし、口にしたとき、甘味のなかに、どことなく生の豆のようなにおいが混じっている。シャンク・アルーにはクズイモの和名があることを後に知ったが、なるほどとうなずける。大きく育ったものは、二〇キログラムにもなるという。

クズイモはメキシコの原産と考えられ、ヒカマ Jicama(スペイン語)と呼ばれて、先住民族のあいだで古くから食されてきた。熱帯アジア諸国、アフリカに広がり、一般的に利用されているが、日本ではまったくなじみのない根菜である。しかし最近、日本でもサラダなどの料理材料として食品売り場に顔をみせるようになり、いろいろな利用法も紹介されるようになってきた。クズイモのさやや豆、葉やつるには魚毒となる有毒なロテノンが含まれていて食べると危険。根（塊茎）にはそれがほとんど含まれていないし、含まれていてもそれは消化器官をとおして体内には取り込まれにくいので、安全だという。

ヒンドゥーの祭礼に供えられるシャンク・アルーが、遠いメキシコ生まれのイモだとは、考えてもみなかった。

森の精

クルチ

インドの春、クルチは淡い緑の葉を繰り広げる前に、キョウチクトウに似た白い花を咲かせる。光あふれる新緑の森の中で、あちらに、こちらに、と白い花で覆われたクルチの木が、林立するサラソウジュの太い幹のまにまに見え隠れする様は、森の精がかくれんぼうでもしているような気配。

木は、高くても八メートルくらい。あまり大きくならず、花はとても美しいので庭木に向いていると思うのだが、この木を好んで庭に植える人はあまりいない。というのも、この木は、荒地などにも平気で生える強い木で、どこにでもやたらにあるからなのだろう。冬にはなかば葉を落とすが、成長期にはよく伸びた青い新枝に、先のとがった披針形の大きな葉をばさばさと茂らせる。その姿もやや精力的で粗野な感じがしないでもない。庭木というのは、美しいというだけでなく、珍しい、という条件が欠かせないのだろう。

しかし、タゴールの学園シャンティニケトンの庭にはあちこちにこのクルチの木があって、三〜四月には、周りの草花や花木にもまして、枝一面の白い花で春らしさをもりあげ

クルチ，コネッシ〔キョウチクトウ科〕

Holarrhena pubescens, H. antidysentrica

（ヒ）Kuṭaja, Kaḍva, iṃdrajav

（ベ）Kurci

（サ）Kuṭaja, Indrayava

（英）Easter tree,
Conessi

▶インドからインドシナ半島。高さ6m以上になる落葉高木。葉は長さ15～25㎝楕円形で対生。花は白で径4～5㎝。果実は細長く20～40㎝，二またにつく。全体に白乳液を含む。樹皮，種子はコネッシンを含み有毒，薬用。

ていた。それらの木は、植えられたものではなくて、もともとそこにあったものを、気の利いた人がわざわざ残したのかもしれない。

クルチの木がこの地上に発祥したいわれとして、インドラがハヌマーンにアムリタ（不死の妙薬、甘露）を与えて蘇生させたとき、一滴のアムリタが地にこぼれ落ちた。そこからクルチの木が生えたという逸話がある。

それほど昔からクルチは薬効の高い木として知られ、アーユルヴェーダの薬木として古くから医療に用いられてきた。その樹皮は収斂性があって、赤痢の薬として昔から利用され、種子はインドラヤヴァという名で呼ばれ、糖尿病の薬として使われている。

このクルチは、よくドゥディ Dhudi と呼ばれる木と混同されるが、正しくはドゥディと呼ばれるのは Wrightia tinctoria 、和名をアイノキと呼ばれるキョウチクトウ科の木である。前者の樹皮は灰褐色で葉は乾いても変色しないが、後者の樹皮は黒褐色で葉は乾くと黒変する。後者の和名はアイノキというが、それは、葉を青色染料として使うことからきている。またベンガル語名のドゥディというのは乳のようなという意味で、この木の幹を傷つけると白い樹液を出すことによる。またその樹液を数滴牛乳にたらすと、味を変えることなく牛乳をより長時間保存できるともいわれている。

イースターツリーという英名は、イースターのころ花盛りになることによる。

紫色のかすみ

クロヨナ

クロヨナは、インドの春を彩る高木の一つである。高木とはいっても、そう高い木を見ることはあまりなかったが、二五メートルくらいにはなるらしい。春の三月ごろ、新葉が萌え出る前に、一時的に落葉することが多い。新葉は、黄色みをおびて明るく美しく、またこのころ、新葉とともに枝先から出る花序も、紫色をしていて美しい。よく見れば、小さな藤のようである。熱帯の精力旺盛な木々の中にあって、この木の細くしなだれるように伸びる枝や小さな花の房は、デリケートな感じがして、遠くから見ると紫色のかすみのようにも見える。

葉は全体が一五～二〇センチメートルで、五または七枚の小葉をもつ羽状複葉で、各小葉は長さ四センチメートルくらい。卵形で葉質は薄く、短い柄をもつ。

クロヨナは、インドの海に近い地方や、川沿いの土地によく成育する。また、最近は、葉や花の明るい美しさが好まれて、公園や街路、庭園などにもよく植えられるようになった。

クロヨナ〔マメ科〕
Millettia pinnata (L.) Panigrahi,
Pongamia pinnata (L.) Pierre
（ヒ） Karaṃja, Karaṃj
（ベ） Karach, Ḍahar, Karañjā
（タミール） Ponga
（英） Poongam oiltree,
Indian beech

▶高さ 15 ～ 25m の半落葉高木。長さ約 10㎝の卵形から楕円形全縁の小葉 5 ～ 7 枚からなる奇数羽状複葉を互生。春に総状花序を出し桃紫色から白の美しい蝶形花をつける。さやは非開裂性で木質無毛，長さ 5㎝くらいの楕円形で両端はとがり中に 1，2 個の種子を含む。

サンタル族の親しい友人の村にも、池のほとりに枝を低く垂らした大きなクロヨナの木があって、若芽と花のころには別世界をつくりだしていた。だが、新葉が開くと同時に、家畜の口がとどくまでの高さの枝葉は、きれいに食べられてしまうのだった。牛やヤギにとっては、見るより食うによい木に違いない。草の少なくなる乾期には、家畜の飼料として、村人によって刈り取られ、もっていかれてしまうこともある。

クロヨナの材は、生のうちは緑黄色をしているが、後に暗黄褐色に変わる。耐久性、抗虫性があり、じょうぶで農機具や車輪に使われる。灰褐色をした粗い樹皮はタンニンを含んでいて、染め物などに使われる。また痔の止血にも使われるという。

花後、長さ五センチメートルくらいの木質のさやをつける。その中の豆は苦みのある赤い脂肪質の油を含んでいて、この油はよく燃える。またこの油は薬として皮膚病やヘルペス、リウマチなどの治療に使われるのだ。豆や根は魚毒として、池や川での魚捕りにも使われる。

クロヨナは、日本にも、奄美大島以南から沖縄に分布している。種子は、海流に乗って遠くまで運ばれるため、分布域が広い。

昼の宝石

ゴジカ

日本での話だが、友人から、夏にきれいな赤い花をつけるというインドの草花の種子をもらったことがある。知らない花の種をまくのは、知っている花の種をまくより楽しいものだ。がっかりすることもあるけれど……。

どんな花が咲くのだろうと期待に胸をふくらませて春先にまいてみると、やがて芽を出し、枝分かれのない細い茎から鋸歯のある細長い葉を交互に繰り広げ、ひと月半ほどで四〇センチメートルくらいに伸び上がった。やがて葉腋からつぼみをのぞかせ、オレンジ赤のかわいらしい花を咲かせた。五枚の絹のように薄い花弁のへりがすき間なく重なって、小さな傘を広げたようである。その花の形と、ギザギザした細い葉の対比もいい。

それは和名をゴジカというアオイ科の一年草だった。原産地はインドだというけれど、ベンガルにいたころ、私はこの花にお目にかかったことがなかった。

そんなことがあってから、私はまたしばらくベンガルに住むようになった。かつていた所とは違って、今度はコルカタから南へ下ったやや湿度の高い所である。

見知らぬ土地の、新しい借家での暮らしは、慣れるまでなかなか落ち着かず心細いものだが、苔むした踏み石のわきに、日本のわが家で育てたことのあるゴジカが咲いているのを見たとき、その家が急に身近に思えてきた。

しかし、ベンガルのゴジカはわが家のゴジカとは違ってずいぶん威勢がよかった。なかには人の背丈ほどになって、側枝まで出しているものもあった。そのゴジカの旺盛な成長ぶりを見て、私は、やはりゴジカの故郷はインドだったのか、日本では肩身の狭い思いをしていたのだろうと納得した。

ゴジカは午時花と漢字で書くが、それは花が昼時になってから開くからだ。ベンガル語でもドゥプル・モニ（昼の宝石）という名前をもらっている。

高さはよく育てば二メートルを超えるくらいになり、株立ちともなる。鋸歯のある葉は互生で、細長く、長さ七・五〜一三センチメートルくらいで短い葉柄がある。全体に薄く軟毛をしく。

この植物は、園芸用として花壇などに植えられるばかりでなく、薬草としても解熱剤として民間で用いられている。西ベンガル州のムールシダーバード方面では、ふつうの赤花

ゴジカ〔アオイ科〕
Pentapetes phoenicea
（ヒ）Bandhūk, Dopariyā
（ベ）Dupurmami, Katlalā
（サ）Bandhu-jīva
（英）Noon flower

▶茎は直立し，高さ 1m あまりになる一年草。葉は互生で長さ 7 ～ 10㎝，細長く縁に鋸歯が目立つ。夏，枝の上部葉腋に緋赤色の 5 弁のアオイ形の花を横向きに咲かせる。午後開花し翌朝しぼむ。

より白花のほうが解熱効果があるとされ、友人の家の庭には白色のゴジカが植えられていた。サンタルの人びともこのゴジカの根を薬として使う。

わが家の庭のゴジカは、その後、種も採らず、なくなってしまった。ときどき懐かしく思い出して花屋の種子売場をとおるとき、ゴジカの種がないものかとのぞいてみるのだが、なかなかお目にかかれない。

「ティルをタルにする」

ゴマ

ベンガル語やヒンディー語ではゴマのことをティルという。またホクロのこともそう呼んでいる。そして芥子粒（カラシナの種子）と同様に、ごく小さいことや些細なことのたとえにもよくもちだされる。ベンガル語では、「ティル（ゴマ）をタル（ヤシの実）にする（些細なことを大げさにいう）といったり、「ちょっとずつ」というのを「ティレティレ」といったりする。

「ごまをする」とか、「ごまのはい」だとか、「ごまかし」だとか、日本でもゴマに由来する言葉は多い。泥棒をごまのはいというのは、旅人を装った泥棒は「胡麻にたかった蝿」のように見分けにくい、というところからきているとも、また高野山の悪僧がただの灰を、ありがたい「護摩の灰」だといって売ったからだともいわれる。また、ごまかしの由来には、江戸時代に小麦粉に胡麻をまぶして焼きふくらました菓子がはやったが、中が空洞になっていたので……という説もある。

搾って胡麻油をとったり、菓子にまぶしたりするのは、日本もインドも変わりない。インドではゴマをすった物が、食事の添え物としてよく出される。気の利いた菓子などない田舎の小さな店でも、ゴマをまぶした「おこし」のような菓子はたいてい売っていた。町中にいるときは見向きもしない胡麻菓子も、なにもない田舎ではこのうえない楽しみだった。

胡麻の胡は、西域の民族や土地をさす。インドもそれに含まれていたようで、インドから来た僧なども胡僧といわれていたそうだ。ゴマも、インドを含む西から来たものだと考えられていたようである。

インドでは、ゴマはひじょうに古くから栽培され、儀式にも用いられてきた。『マヌ法典』には、ゴマはクシャソウとともに祖霊祭に欠かすことのできない重要なものの一つだということが触れられている。ベンガル地方では、人が亡くなって荼毘《だび》に付されるとき、火をつける前の薪の山に、宝貝（昔は硬貨にされていた）とともにひと握りのゴマが投げ入れられる。これは、なにもベンガル地方に限ったことではなく、ヒンドゥー教徒の葬儀では他の地方でも広く行われる。

ゴマ〔ゴマ科〕
Sesamum indicum
（ヒ）Til
（ベ）Til
（サ）Tila
（英）Sesame

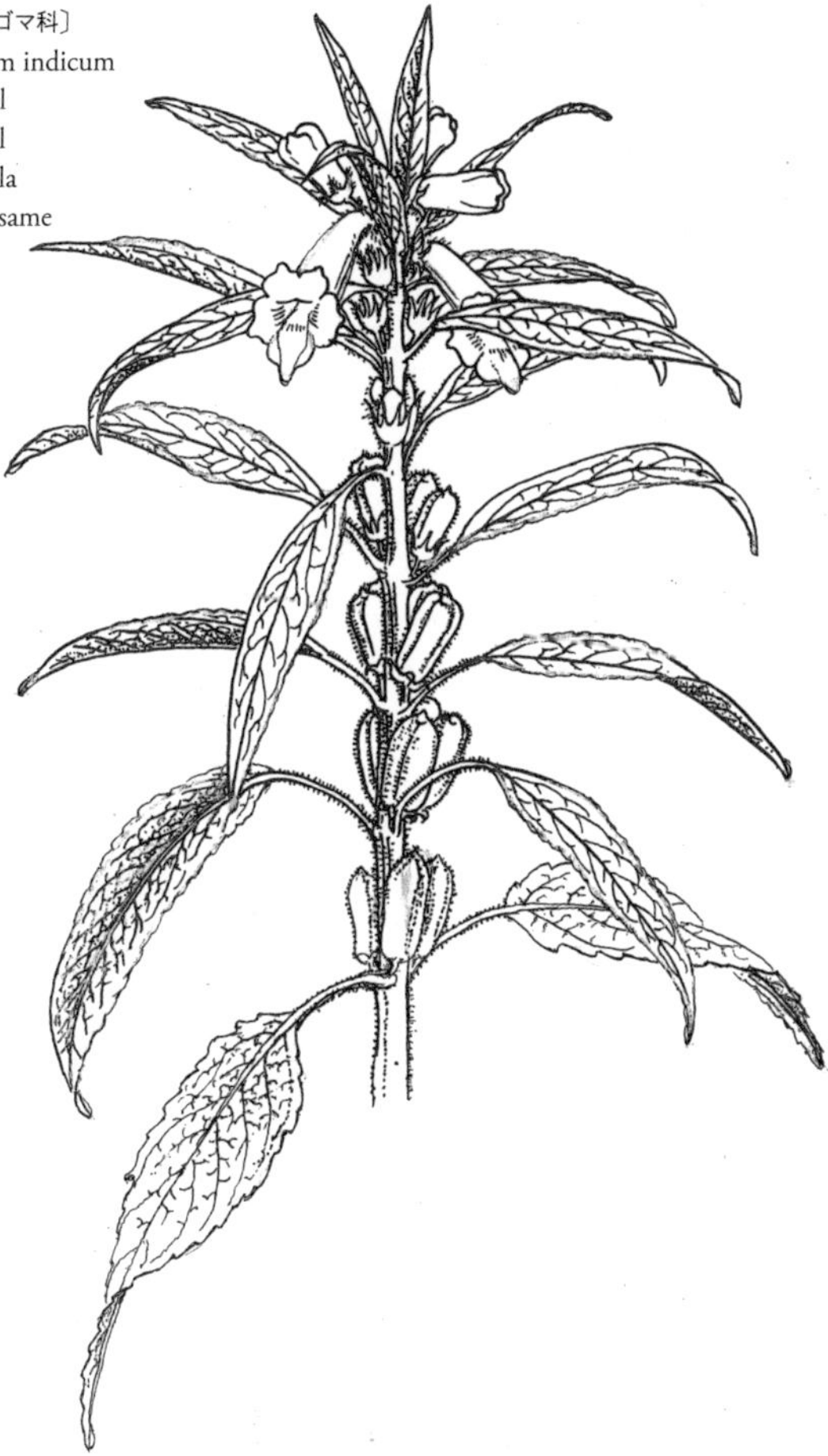

▶高さ80㎝くらいの一年草。茎は短毛を密に吹き断面4角。葉は長さ約10㎝の長楕円形から披針形。インドでは4月ごろから茎上部の各葉腋から白から淡紫色の鐘状の花をつぎつぎと出し，伸長する。蒴果は長さ2～3㎝の円柱状で4本の溝がある。

今日でもゴマの生産高は、ミャンマー、インドが世界一、二を誇っている。ゴマの原産地についてはインド、ジャワ島、中央アジア、アラビア、アフリカなどといろいろな説があるが、現在多くの学者が支持しているのは、同属の野生種が多いアフリカのサバンナが原産地だという説である。

インドで初めて食べた洋野菜

コールラビ

インドの冬の市場は野菜が豊富である。キャベツ、トマト、カリフラワー、ニンジンなどの洋野菜の多くは冬によく出回り、新鮮で値段も安い。三月、四月とだんだん暑くなるとともに、そういった野菜もしなびてきて、味も悪くなってくる。そしてサイズも小さくなり、そのうち市場から姿を消す。

ひと昔前にくらべれば最近は流通の便もずっとよくなった。遠く、高地で栽培された物などが供給されるようになって、大都市では冬野菜が一年中見られるようになっている。

インドで初めて食べた洋野菜がある。ドイツ語でコールラビ、ベンガル語でオル・コピと呼ばれるアブラナ科の野菜である。茎の下部がぷっくりとふくらんで、そのふくらんだ部分が、オル（ゾウコンニャク）の芋のような形をしている。そしてコピ（キャベツ）の仲間なので、オル・コピという名で呼ばれるようになったのだろう。最近は日本でも見かけるようになった。コールラビという名も、ドイツ語の kohl（キャベツ）と rabi（カブ）

が合わさったキャベツ・カブという意味。

初めてインドへ行ったときからオル・コピの奇妙な形が目に止まった。しかしアブラナ科の植物の茎であるということで、私は手が出せなかった。ブロッコリーや芽キャベツなどの茎には、あのアブラナ科独特の青臭さがあって、私にはむずかしい。オル・コピにもきっとあの青臭さが付きまとうに違いない、という偏見があったからである。お世話になっている友人の家でも、この洋野菜が食卓に上ったことはない。

あるとき、ふとしたでき心で私はそのオル・コピを買ってみた。味わってみたいというよりも、その形に惹かれたからである。友人の奥さんに渡したところ、ターメリックと香料を使ってその昼のうちに炒め物にして、蓮の葉に盛ったご飯に添え、ダールスープといっしょに出してくれた。なんという気の利いたお膳立てなのだろう……。ひと口食べてみて、私はオル・コピに対してまちがった先入観をもっていたことを反省した。たしかにアブラナ科の野菜の茎がもつあの独特の匂いはあったけれど、甘くて歯触りもよくシャキシャキとして、なかなかいけるのである。それに、その青臭さだって思っていたほどのものでもない。においの感覚とはかなりいい加減なもので、提供のされかたによって食す側の心持ちも変わり、印象がだいぶ違ってくる。いかにも滋養に富んでいそうで、よいにおいにさ

コールラビ，カブカンラン〔アブラナ科〕

Brassica oleracea var. *gongylodes*

（ヒ）Gāṃṭhagobhī

（ベ）Ol-kapi

（独）Kholrabi

（英）German turnip, Turnip cabbege

▶葉の長さ 13 ～ 35㎝。茎の基部がカブのようにふくらみ径 14㎝くらいになるが，径 7㎝くらいが食べごろ。中近東，中央アジア，中国西部に分布する球茎が緑色系と，西ヨーロッパで栽培される赤紫色系の 2 品種群がある。

え思われてきたのだ。

インドで栽培されるコールラビには、早生の白や緑の品種と、晩生の紫色の品種がある。秋まきで栽培も容易だというから、今年の秋にはまいてみようと思う。

実の断面は星形

ゴレンシ

七月も半ばを過ぎると、空はしだいに雨季の厚い雲に覆われ、それまでの暑さが嘘のようにしのぎやすくなる。雨に洗われた木々は緑の葉を広げ、雲間からときおり差し込む陽光に生き生きと輝いているように見える。ジャガンナータの山車を引いて町を練り歩くラタヤートラの祭りがあるのもこのころ。オーディシャー（オリッサ）州のプリーの町が有名だが、西ベンガル州の私たちが住む田舎町でもさかんで、この祭りがくると、本格的な雨季にはいったのだな、と思う。

このころ、きまって頭に載せた大きな平たい竹のざるにゴレンシの実だけを山積みにして売りに来る人がいる。ゴレンシの実は長さ一〇センチメートルくらいの長楕円形で、五つの稜があり、五つに深く切れ込んで、断面は星形をしている。そんなおもしろい形をした黄色い実を見ると、私は、毎回買わずにはいられなくなるのである。

シウリという町には外国人登録事務所があったのでときどき行った。また、その町からさらに先に行ったサラノキの森に知り合いのポトゥア（語り絵師）たちがいたので、彼らの家を訪ねるときも一度その町でバスを降り、乗り換えた。その町の名物がモロッバと呼ばれる砂糖漬けで、ゴレンシもモロッバになって菓子屋のケースに並べられていたが、そこでも私は、蜜のしたたる星形のゴレンシを目にするとそのままとおり過ぎることができなかった。

砂糖漬けにされるのは果実ばかりでなく、大根やニンジンもあったし、ベンガル語でショトムリ Śatamūlī と呼ばれる野生のインドアスパラガス (A. racemosus) の根もあった。果実ではパイナップルやパパイヤ、ザボンのほか、ユカン（アムロキー）、ミロバラン（ホリトキー）、ベルノキ、ユウガオの実まであった。

ゴレンシはそのままでも食べられる。汁気があって、さくさくして少し酸っぱく、ほのかに甘い。香水のようなよい香りがする。また、ジュースやシロップにするほか、サラダにも使われる。ペクチンを多く含んでいるのでジャムに向いている。ビタミンCも多い。酸味の多い種と少ない種があるが、この果実は蓚酸を多く含んでいるので、タマリンドの果実と同様に真鍮や銅の食器などのさび落としに使われる。ちょっと黒ずんだ真鍮の食器がこれらの実の汁で磨くと、おもしろいほどぴかぴかになる。

ゴレンシ，スターフルーツ〔カタバミ科〕

Averrhoa carambola

（ヒ）Kamrakh, karmal

（ベ）Kāmrāṅga

（英）Carambola, Bilinbing, Star fruit

▶高さ5～12mの常緑高木。小葉卵形から楕円形9～11枚の奇数（ときに偶数）羽状複葉。就眠運動する。小花は桃色で香りがよい。液果5稜，断面星形，長さ10㎝くらい。強酸味あり。生食，調味料用。インド，インドネシア，マレーシア原産といわれるが不明。

ゴレンシの幹は年数を経ると樹皮が稜状にせり出してきて、一見、岩のような感じになってくる。春に濃いピンクの美しい小さな花をむらがりつけ、辺りによいにおいを漂わせる。春の終わりから夏にかけて葉が黄色くなって落ちることもあるが、それも独得な風情があって美しい。

ゴレンシの葉は解熱に、根は解毒に使われるという。

「石榴王子」

ザクロ

バザールの果物屋の台に、赤いザクロの実がきれいに積み上げられ、ぱくっと開いた果皮の裂け目から、澄んだガーネットのような粒つぶの果肉がのぞいている。それを見ると、どうしても素通りできなくなる。しかし買って帰っても、いざ食べる段になると、粒の中にある種がじゃましてもどかしい。ベンガル語では、ザクロのことをベダナという。べは「ない」という意味でダナは「粒とか種」のこと。粒つぶして種だらけのザクロの実を、「粒なし」とか「種なし」というのはいったいどういうことだろう。だれかが「そうだったらいいのになあ……」と思って名付けたのだろうか、それとも、いちいち種のことを気にしていてはおいしさが台なしになるので、気の利いた人がこう呼んだのだろうか。いずれにしても、ザクロはしぼってジュースにして飲むのがいちばんおいしい。とくに暑くて乾いたインドの夏（四、五月）には、はらわたに染み入るようだ。

また、ザクロはベンガル語でダリムとも呼ばれる。サンスクリット語名のダーリマをベンガル語風に発音した呼び名である。ベンガルで暮らすようになってまもないころ、「ダリム・クマル（石榴王子）」という、つぎのような不思議な昔話を聞いた。

王さまには、やさしい上の妃と、意地悪な下の妃がいました。王さまにないものはなにひとつなかったのですが、どちらの妃にも子がないことが悩みの種でした。その王さまの悩みが、とりわけ上の妃の大きな悲しみのもとになっていました。

ある日、お城に托鉢にやってきた行者が、お布施を持って出てきた上の妃の目に涙を見て、その訳を聞き知ると、肩提げから一本の木の根をとりだして、こういって妃に渡しました。

「朝の沐浴を済ませてから、この根をザクロの花といっしょにすりつぶして飲むがよい。

きっと子が授かるだろう。だが、その子の命は、城の池に棲むボアル魚の腹の中の、ビャクダンの小箱にしまわれた首飾りに託されている。このことは決して人に漏らしてはならぬぞ。」

十月十日も経つと、上の妃に王子が誕生し、城中は喜びにあふれかえりました。やがて、王子はザクロの花のように美しい少年になりました。

王子は、たくさんの鳩をかわいがっていましたが、ある日、その一羽が、下の妃の

ザクロ〔ザクロ科〕
Punica guranatum
（ヒ）Anār, Dāṛim
（ベ）Ḍālim, Bedānā
（サ）Dāḍima, Dālima
（英）Pomegranate

▶イラン高原からアフガニスタン，ヒマーラヤ山地の原産。落葉小高木。刺状枝。葉は全縁で対生ときに輪生。花弁は朱赤で6(5～8) 枚。果実上部に王冠形の宿存がく。秋に橙紅色に熟し不定形に開裂。多汁の外種皮に包まれた無数の種子を含む。

館に飛んでいって、捕まってしまいました。下の妃は王子にいいました。

「鳩を返して欲しいのなら、おまえの命のありかを教えておくれ。私もおまえのお母さんの一人だから、それを知っておきたいのだよ。」

王子は、帰って母親にせがんでそれを聞き出し、下の妃に教えてしまいました。

下の妃は、お城の医者と結託して仮病を装うと、ベッドに枯れ枝を敷き、その上に横になって大きなうめき声をあげながら寝返りを打ちました。そのたびに、メリメリ、ボキボキと恐ろしい音がします。王さまがたいへん心配して医者を呼ぶと、医者は「それは骨ボキボキ病というたいへんな難病で、治す薬はただ一つ、城の池の主のボアル魚を捕まえて、その油でマッサージする以外方法がない」と告げます。

こうして、下の妃は魚を得ることに成功し、腹の中の小箱から首飾りを取り出すと、それを自分の首にかけました。すると、今まで元気だった王子が急に苦しみだし、ぱたりと倒れて死んでしまったのです。

王さまはどうしても王子が死んだとは思えず、広い庭の隅にある廟に王子の亡骸を寝かせると、毎日食べ物のお供えをするよう、大臣の娘にいいつけました。

しかし、廟の中では不思議なことが起こっていたのです。下の妃が、夜、寝る前に首飾りを外して水壺の中に隠すと王子は生き返り、朝になってそれを取り出して首にかけるとまた死んだようになっていたのです。そうしているうちに、夜中に廟のそばをとおった大臣の娘がこれに気づきます。娘は王子と一計を立て、金銀磨きの女に変装して下の妃の館に行き、下の妃から首飾りを奪い返して王子の首にかけ、生き返らせました。それから、下の妃の悪行が王子の口から語られ、下の妃は王さまから罰を受けました。

この昔話では、王子は、行者からもらった木の根とザクロの花をすりおろして飲んだことによって誕生している。ベンガルの昔話には、行者からもらった木の根や果実によって子が授かるという話は多いが、木の根は何の根であるかは特定されず、果実はマンゴーかザクロの場合が多い。ザクロは原産地のトルコをはじめ、広くインドでも子宝の果物といわれている。

そういえば、鬼子母神の像が手にしている果物がザクロだ（豊饒の角コルヌコピアを手にしている像もある）。子どものころ、人肉は酸っぱくてザクロの実の味に似ていると、おとなたちがいうのを聞いて、赤く割れたザクロの実を見るとちょっと気持ち悪く思ったものだが、そのいわれは、鬼子母神伝説にあったようだ。

鬼子母神はインドではハーリーティーと呼ばれるラージギールの羅殺女で、百人の子をもっていたという。そして、溺愛するその子たちを養うために、他人の子を奪っては食っていた。だが、あるとき、ブッダに自分の最愛の末息子を隠され、初めて子を奪われた母親の苦しみを知り、自分のしてきたことの非を悟る。改心したハーリーティーは以後、子どもを守ることを誓い、子どもの守護神となる。そのときから子どもの肉の代わりにザクロを食すようになったという。

そういう経緯で、鬼子母神像はザクロを手にしているといわれるのだが、また、安産、子安の女神の象徴として、子宝の果物のザクロを手に持っているとも考えられる。

ネパールでは、ザクロの実はヴィジャヤ・ダシャミーの七日目に、祭礼の一部としてラクタカーリー（血のカーリー女神）に捧げられる。このラクタカーリーもやはり人の生き血を好む女神である。ザクロは人間の血肉や命と、なんだか秘密めいた関わりをもっている果物のようだ。

ザクロは古い時代にトルコ、イラク、イラン、エジプト方面からインドにもたらされたらしい。インドにもヒマラヤの裾野に野性のザクロがあり、原産地とも考えられなくもない。しかし、それら野生種の果実は食用にはならず、乾かした種がカレーの香辛料になるくらいのものだ。

ザクロの生産高では、インド、イランが世界の首位を誇っている。ザクロはインドのほぼどこにでも育つが、マハーラーシュトラ州やグジャラート州で栽培がさかんで、大きく立派な実がつくられる。

果実の皮や樹皮はタンニンを多く含み、インドでは染色や薬としても多量に使われている。

えぐい物の代表

サトイモ

私はサトイモのカレーが好きだ。ジャガイモとはちがって、ねっとりしたイモの歯触りと、つるっとした喉越しがいい。またサトイモの茎のカレーもおいしい。マハーラーシュトラ州ではサトイモの葉っぱを使ったおいしい料理もあるとか……。

ベンガルの友だちの畑にサトイモが植えられていた。雨上りには葉の上にころころと動く銀色の水の玉を載せ、小さな女の子がそれを揺り落として遊んでいた。

だが、だれかが植えたわけでもないのに、サトイモは裏木戸を出た空き地にもいっぱい生えている。とくに溝のわきなどの湿った所にはよく茂っている。

「なんだ、わざわざ植えなくたって……」と思ったが、よく見ると草丈も葉っぱも畑の物より小振りだ。条件が良ければこれも大きくなるらしいが、栽培種とは異なるという。

サトイモ類は、インドにもともと原生していたようで、とくに湿潤なベンガル地方ではいたるところに野生のサトイモが生えている。ふつう、この野生のサトイモはえぐみが強

サトイモ〔サトイモ科〕
Colocasia esculenta
（ヒ）Aravī
（ベ）Kacu
（サ）Kacu
（英）Taro

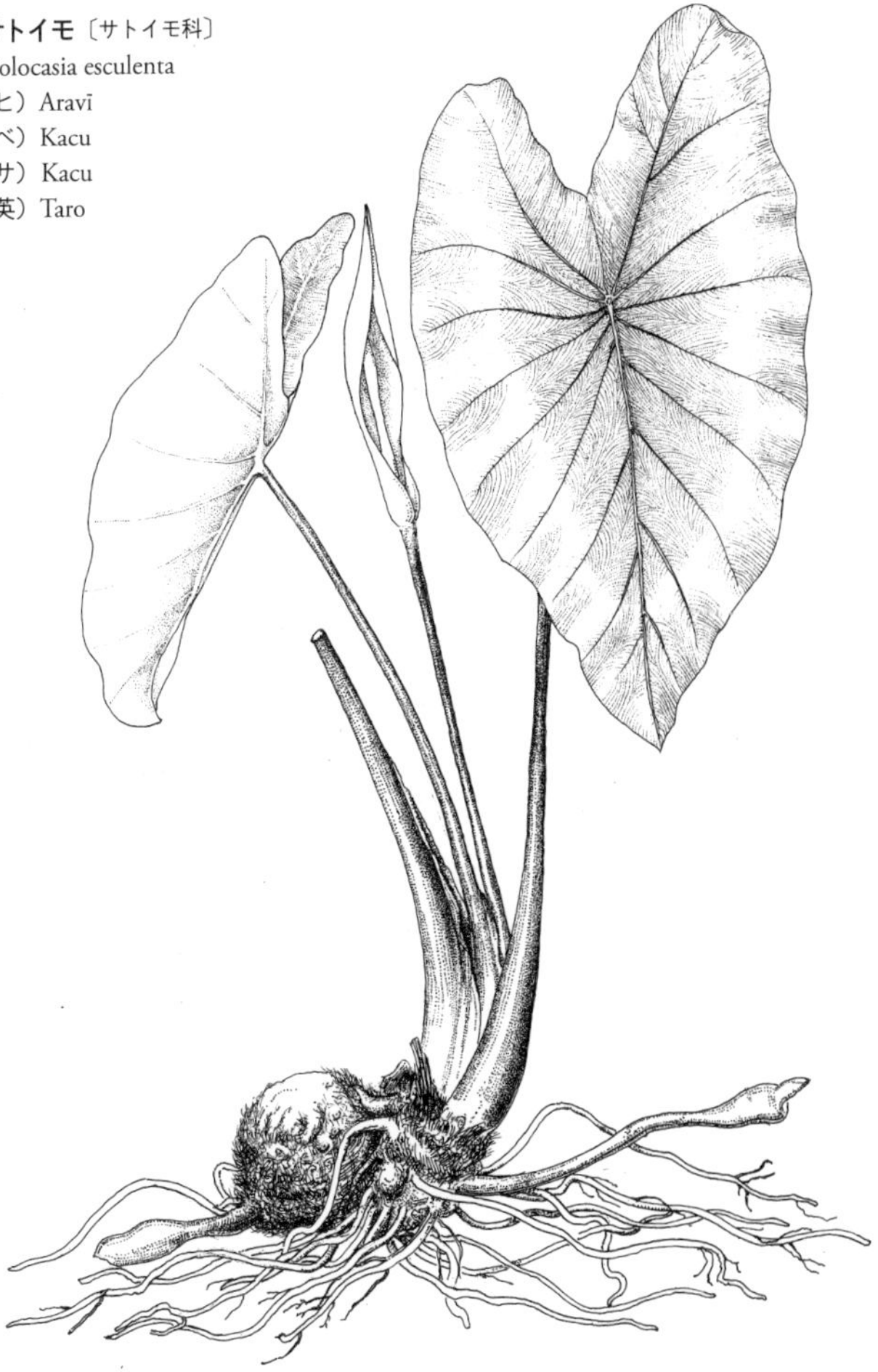

▶推定原産地インド東部からインドシナ半島。二倍体の品種群と三倍体の品種群があり，前者は親芋利用型，後者は子芋利用型が多い。走出枝を長く伸ばす野生群はミズイモと呼ばれる。仏炎苞内の肉穂花序の基部には雌花，その上に中性花，上部に雄花がつく。

く、また地上部の葉柄もいがらっぽくて食べられないのだが、まったく食べられないかというとそうでもない。タマリンドの酸味とからし（マスタード）の辛さでえぐみを消して、おいしいカレーにすることもできる。ベンガル地方には、「サトイモのえぐみを殺すには練りがらしの辛さが要る」ということわざがある。すなわち「えぐいことばかりいう皮肉屋さんには練りがらしくらい辛口の返答が必要」ということだが、それほどサトイモはえぐい物の代表になっている。

野生種のサトイモは地下茎を出してふえるが、その細い地下茎（lati）も食用になる。また花茎も食べられ、バングラデシュではこれらがときど市場にお目見えする。小さなイモも、脇芽をかきとれば大きくなり、なかにはえぐくない物もあって、食べられないこともないそうだ。

サトイモの花はインドではよく見かけ、その花茎は食材としてたまに市場でも売られるが、多くが野生のサトイモの物である。栽培されているサトイモの花はあまり見ない。日本ではサトイモの花はめずらしいが、咲かないこともないようだ。ベンガルの友だちの家のわきで、野生のサトイモが株もとからカラーに似た黄色い苞に包まれた花を出していたので、その写真を撮って、房総半島で農業をしている友人に見せたところ、友人が「サトイモの花が咲くと、何かある」という。その「何か」が気になったので聞くと、「いやあ、なんだかわかんねえが、何かある」という返事。サトイモはインドでは縁起のよい植物なので、きっとよいことがあるのだろうと、私は勝手に思うことにした。

サトイモはドゥルガーの秋祭のときに重要な役回りをする九種の植物（ナヴァパトリカー）の中にも含まれている。バナナの茎に、イネ、ベルノキの実、ザクロほか合計九種の植物を束ねて縛り、サリーを着せる。これはコラボウ（バナナ奥さん）と呼ばれ、ガネーシャ神の妻としてそのわきに並べられるが、これは穀類・作物の女神であり、豊穣の大地を意味している。九種の植物にはそれぞれ女神が住んでいるというが、サトイモに住んでいるのはカーリカー（カーリー）という女神だ。

サトイモの葉の汁は止血に、茎の汁はサソリに刺されたときによいという。

ムリにグルを添えて

サトウキビ

西ベンガル州バンクラ県の広大なサラノキの森のまっただなかに、友人の家はあった。分厚い壁に囲まれた広い敷地に、親族ばかりが数軒、じつに平穏に暮らしていた。門の上にはやぐらがあって、昔はそこに、鉄砲をもった番人が座っていたという。

私は彼の家に何回か泊めてもらったが、そこの暮らしがとても気に入っている。彼の家では、塩以外の食物はほとんど自分の家で作っていた。甘い物のない生活は健康的ですっきりしているけれど、私にはもの足りなく思えてくるのではないだろうか……。だが、そんな心配は要らなかった。小昼時には、友人のお母さんが、真鍮の大きな皿にムリ（あられ）を盛って出してくれ、そこには決まってサトウキビの液を濃縮したグルが添えられていた。なんでもそろうベンガルの自給自足の豊かさに驚かされた。

ひんやりした暗い小部屋には小さな窓があって、そこから光に満ちた裏のサトウキビ畑が見えた。もう、中には銀色の大きな穂を出した物もある。畑のサトウキビは、下部の幹が、手が切れそうに縁がギザギザした葉で一本ずつていねいに包まれ、それを数本ずつ寄

サトウキビ〔イネ科〕
Saccharum officinarum
（ヒ）Ukh, Gannā
（ベ）Ā̃kh, Ikṣu
（サ）Ikṣu
（英）Sugar cane

1 2 3

▶高さ 5m に達する大形のイネ科多年草本。単稈で節多く，中実。多汁で糖を多く含有。葉鞘は茎を抱き，葉身は長さ 0.5 ～ 1m，中肋は厚く葉縁には鋭い鋸歯がある。秋に頂に 50 ～ 60㎝の白い綿毛のある大形の穂を出す。

せ集めて中ほどの高さで束ねられ、縛ってあった。遠目には太い気根を出して立っているタコノキのようにも見えた。幹が葉で巻いてあるのは、いたずら者のジャッカルにかじられないようにするためで、幹の上部が束ねてあるのは倒れるのをふせぐためだそうだ。ずいぶんていねいな育て方をしていると思った。

収穫期には牛が搾汁機をまわし、刈り取られて皮（葉鞘）をはがれた茎が歯車の中に突っ込まれる。糖汁は大釜に流れこみ、しぼられた茎のかすを燃料にしてその場で煮詰められる。このしぼりかすがバッガスで、昔は蒸気機関の燃料に用いられた。煮詰められた糖汁はグルと呼ばれて市場でも売られている。糖汁はそのまま飲んでもひじょうにうまい。コルカタでは、人力の小型搾汁器を街角に据えて生汁をしぼって売っている。はずみをつけるために大きな鉄玉のついたハンドルをグルングルン回して糖汁をしぼる様は楽しそう。

サトウキビの原産地はマダガスカルとも、インドともいわれているが、その栽培と製糖の歴史はインドが一番古く、少なくとも紀元前四〇〇〇年以上にさかのぼり、今日でも世界有数のサトウキビ栽培国である。

雷よけ

サボテンタイゲキ

友人の奥さんの義理の兄が、糖尿病をわずらっているというので、私は友人といっしょにお見舞いに行った。その人の家はコルカタの南の郊外のショナルプルという駅の近くの、古い家並みが立て込んだ路地の奥にあった。上塗りのされていない赤れんがの三階の一室のベッドにその人は座っていたが、思っていたより元気で、私たちが部屋にはいるとベッドから立ち上がって笑顔で私たちを迎えた。

「血糖値が少し上がっていたけれど、あれから食物に気をつけて治しましたよ。ユウガオの茎やワサビノキの葉がいい。今じゃ、ときどき自家製の蜂蜜を楽しんでいる。ちょっとこっちに来て……」

彼はこういって、私たちを廊下の突き当たりの窓辺に連れて行った。そこには四角い密蜂の巣箱が置かれていた。もう外は暗くなりかけて、巣箱に開けられた小さな円い穴のあたりには出入りする蜂の姿も見られなかったが、彼が飲んでいる蜂蜜はその巣箱の蜂たちが集めてきた物なのだという。

三階から屋上は、彼の夢を育てる場所になっていた。屋上に上がる階段の下の三角形の空間はひな鳥の飼育場になっている。その奥の部屋にはボディビルや体を鍛える運動器具が置かれている。これもまた赤れんがでできた狭い階段を上がって屋上に出ると、そこには鉢植えのダリアがいくつも並べられていた。赤みのさした夕映えの空を背景に見上げる大輪のダリアは美しかった。

その屋上のいちばん高い場所の両端に、サボテンのような鉢植えが置かれていた。近寄って見ると、それは日本でサボテンタイゲキとよばれているユーフォルビア属の多肉植物であった。ベンガル地方では、同じユーフォルビア属のキリンカクやウチワサボテン属の金武扇などは広くモノサ・ガチ（蛇の女神モノサの木）と呼ばれ、女神の代理として拝まれている。私はそれらの鉢植えも、そういう目的で植えられているのかと思った。

「お宅でもモノサを祀っているんですね。」

私がこういうと、その人はいった。

「いやあ、これはね、バジ・バロンといって雷よけになるんだ。」

バジ・バロンとは「落雷防止」という意味である。見ると、隣の屋上にも、またその隣の屋上にもサボテンタイゲキの鉢植えが置かれていた。ベンガルの雨期の雷はものすごい。

サボテンタイゲキ〔トウダイグサ科〕
Eupholbia antiquorum
（ヒ）Tridhārā, Thūhar
（ベ）Bājbāraṇ, Teśire manasā
（サ）Bajrakaṇṭakā
（英）Antique spurge, Euphorbia of the ancients

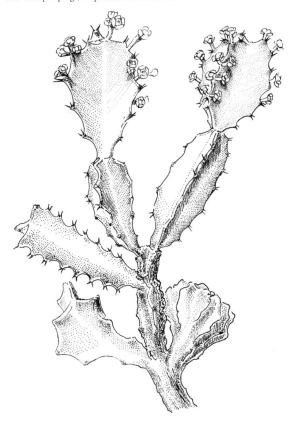

▶インド原産と考えられるが不明。高さ 4 〜 9m にもなる多肉の小高木。葉は卵形から長楕円形でやや肉厚，無毛，長さ 6 〜 13㎜。展開後すぐに脱落，その跡に 2 本の托葉刺が残る。傷つけると有毒の白乳液を出す。

そんなとき、高い建物に住む人たちはさぞひやひやしながら雷雲がとおり過ぎるのをまっているにちがいない。サボテンタイゲキがほんとうに雷よけになるかどうかは疑問だが、せめて安心感だけはもたらしてくれるのだろう。屋上のいちばん高い所でお不動さまのように鎮座しているサボテンタイゲキの鉢植えが、その小さな楽園の守護神のように見えた。

英名の Antique spurge は、太古のユーフォルビアという意味。

ブートが住む

シェオラ

　ベンガルで学生生活を始めてまだまもないころ、日本から来た友人とピクニック気分で食べ物と飲み物をもって近くの田舎に出かけた。村外れの池のほとりに、座るのにもってこいの小高い草地をみつけ、そこに腰を下ろした。ところどころにおかしなかっこうにねじくれたシェオラの木もあって、オキナワミチシバに覆われたその場所は、絵本にでも描かれていそうなメルヘンチックな風景に見えた。

　そこに座っていい気分で飲み食いをしていると、サンタル人の農夫がとおりがかりに「火葬場で宴会かい？　幽霊が出るよ」といって、とおり過ぎた。注意してみると、辺りには、火葬後に精進落としの宴会をしたと思われる土鍋のかけらや瓶、焼け残った棒っくいが落ちていた。いっぺんで興醒めしてしまった。

　しかしその場所は、少しも陰惨な感じがなく、ちっとも不気味な感じがしない。幽霊が出ると聞かされても、それがどんなかっこうで、どんなふうに出てくるのか、想像がつかないのである。やはり、幽霊も文化。それが恐いと思うには学ぶことが必要なのだなと思った。

ベンガル地方では、迷った死者の幽霊をブート、それが女性の場合はペトニという。これらの幽霊は、木に住み着くといわれるが、とくに、シェオラの木に好んで住むのだそうだ。日本の幽霊のように足がないのではなくて、足が後ろ前についているのだそうだ。幽霊の住むシェオラの木は、さしずめ日本の枝垂れ柳にあたるのかもしれない。そういえば、シェオラの木は、枝がぐしゃぐしゃに入り込んで奇妙な格好になるものが多く、怪しげな感じがしないでもない。ある本の説明によると、この木の下には蛇やサソリが好んで棲むので、夕暮になってから人が近付くことがないように、「シェオラの木にはブートが住む」というようになったのだという。しかし、それならなにもブートやペトニの名を借りなくたって、蛇、サソリで十分恐いし、人は近付かないのではと思うのだが……。

西ベンガル州のメディニプル県には、結婚して奥さんを亡くしてしまった人は、次の奥さんと結婚する前に、一度この木と結婚の儀式をしてから結婚するという変わった風習があると、同県に住む絵師（ポトゥア）から聞いた。ビルブム県の友人の説明によると、シェオラに住む先妻の霊に許しを得るための儀式で、厄払いのためだろうという。このシェオラという木は、あの世とこの世のあいだに生えているような、なんだか不気味な感じのす

シェオラ，ムクバナタオレボク〔クワ科〕

Streblus asper

（ヒ） Sihorā, Sior

（ベ） Śeoṛā, Syāoṛā

（英） Sand paper tree, Siamese rough bush, Toothbrush tree

▶高さ 2.5 ～ 5m の密に葉をつける常緑小高木。葉は 2.5 ～ 8㎝，卵形から楕円形で鋸歯があり表面とくに裏面がざらつき，サンドペーパーの代用となる。材は堅く，樹皮は繊維質で紙の原料となる。インド，スリランカからタイ，マレー半島，中国南部に分布。

る木である。

シェオラの太い材は、屋根の棟木に使われる。この木には雷が落ちないと信じられ、落雷防止のためと考えられている。また、棟木から斜めに下りる垂木を土壁で受け支えるために用いられるL字型の木（pelaという）のうち、東北に位置するものはシェオラの木で作られたものを用いることになっている。ボイシャク月（四月半ば〜五月半ば）に東北の方角から吹き付ける激しい嵐があり、その暴風から屋根を守るためのものだが、シェオラの木には、こうした自然の威力の前には非力な人間の願いが託されている。

シェオラの葉をちぎると白い乳液が出る。この白い乳液はおできや傷によいというが、この葉をヤギに食わせると、乳が出なくなるといわれている。また、シェオラのざらついた葉をヤギの舌の裏側にくっつけてやると、ヤギは「メエー」と鳴けなくなってかすれた音しか出ないようになる。それで、家畜泥棒たちは、ヤギを盗むときに静かにさせるため、そうするのだそうだ。このざらついた葉はサンドペーパーの代用となる。

また、シェオラの枝で歯をみがくと歯茎の病気にならないといわれ、それで、英語ではトゥースブラッシュツリーと呼ばれている。和名としてムクバナタオレボクの名がつけられている［『図説熱帯植物集成』E・J・H・コーナー　渡辺清彦　廣川書店］。

釣り鐘形のイヤリング

シマイチビ

インドでは、道端や人家の庭の隅などでシマイチビをよく目にした。本によっては一年草、または多年草となっている。だが、幹が木質化して数年は残存するので、木と呼ぶには小さすぎるけれど、やはりこれも草本というよりは木本なのだろう。葉はハート形で長さ二・五センチメートルくらい。葉質は薄く、縁には鋸歯がある。細くしっかりした葉柄があり、茎に互生につく。花は五弁で直径二センチメートルあまり。

道端の茂みや生け垣のすき間から、緑色の針金のように細い茎を伸ばして、そのところどころに明るい黄色の花を咲かせていたシマイチビの姿が思い出される。花は雨季の終わりから晩秋にかけてよく咲くが、一年を通じて、いつもちらほらと咲いている。目立つほど大きな花ではないが、金色に輝いて、よく見ればとてもかわいい。

しかし、もっとかわいいのはその果実かもしれない。花軸を取り巻くように、中に一つの種子をおさめた中空の分果が放射状に円くならんでついた様は、布で作られた花かんざしのようである。ベンガル地方では、子どもたちがよくこの果実をとって、上面にシンドゥル（紅）を溶いて塗り、スタンプのように紙に捺して遊んでいた。車輪のようなおもしろい模様が捺せるのである。子どもばかりではない。サンタル人の家々を回って絵巻物を見せて歩くサンタル・ポトゥアと呼ばれる絵師たちのなかにも、この実を捺した模様で絵巻物の背景を飾っていた人がいた。ベンガル語ではシマイチビをペタリ（小箱）とか、ジュムコ（釣り鐘形のイヤリング）とかと呼んでいる。

シマイチビは雑草としては慎ましやかなほうで、あまり目立たない。そのせいか、さほど邪険にはされないで放置されているが、やはり雨期になれば伸びすぎてじゃまになってくる。しかし、いざ引きちぎろうとしてもそうやすやすとはちぎれない。シマイチビの繊維はじょうぶなのだ。ひと昔前まではこの植物はベンガル地方ではロープや網、敷物を作るための繊維植物として栽培されていたが、今ではジュートに取って代わられ、栽培はほとんどされていない。

これに似たイチビもやはりかつてはロープや網、漁網などを作る繊維植物として栽培されていた。イチビは日本では最近、畑の雑草として厄介者になっている。外国から輸入された家畜の飼料にイチビの種子が交ざっていたのである。それを家畜が食べ、その糞を堆肥として使用した結果、その畑ではいつのまにか主役の座をイチビに奪われ、イチビ畑に

シマイチビ，タカサゴイチビ〔アオイ科〕

Abutilon indicum
（ヒ）Kaṃghī
（ベ）Peṭāri
（サ）Atibalā

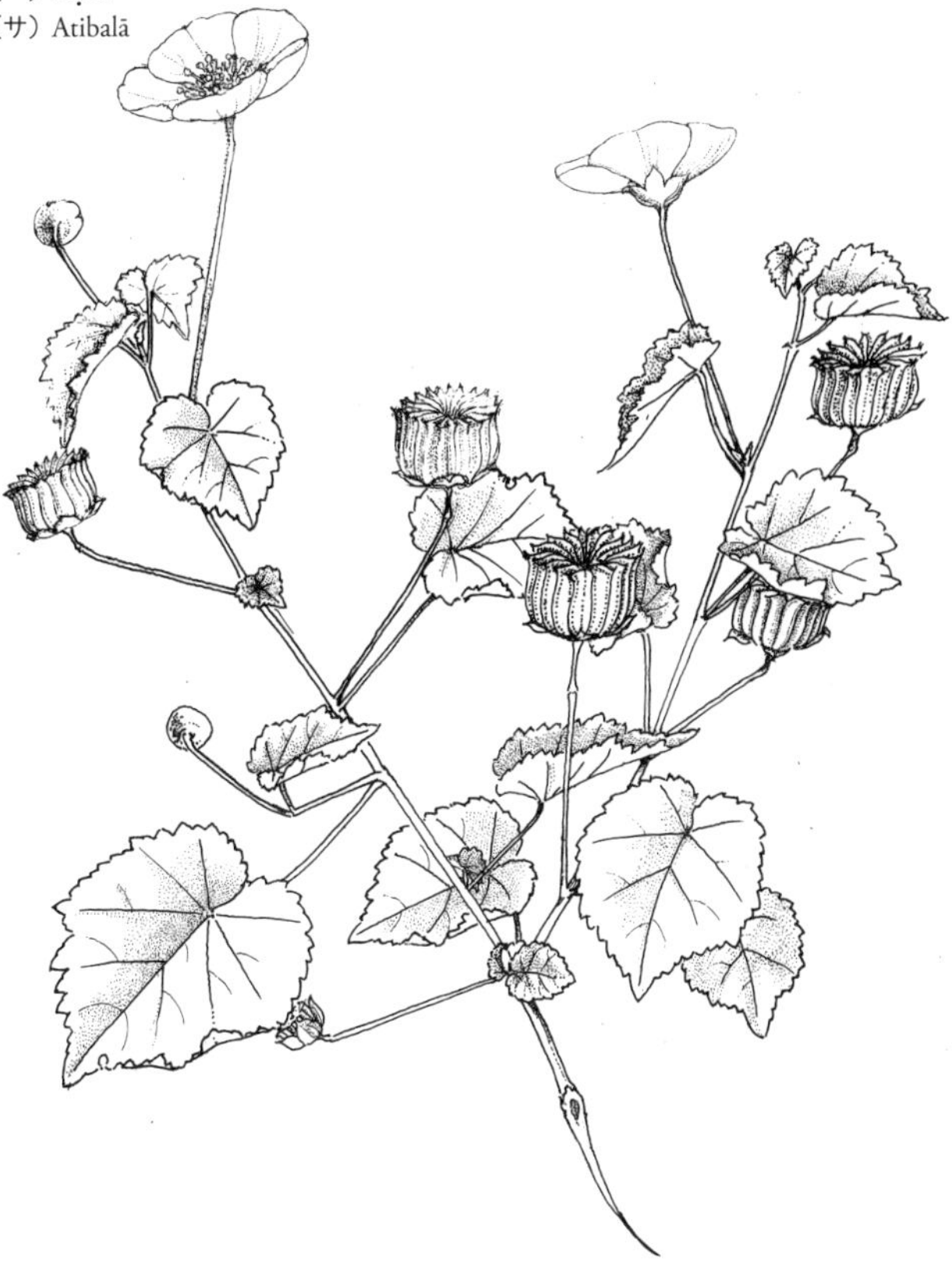

▶高さ1～2ｍの草本状亜低木。全体に柔毛。葉は長い葉柄をもち，葉身は径5～10㎝の卵形から心形で縁にふぞろいの鈍鋸歯がある。花径2.5㎝，花弁は薄く5枚で金黄色。蒴果の分果は15～25個。茎の繊維はじょうぶでロープ用。

なってしまうのである。

シマイチビ、イチビともに原産地はインド。シマイチビは南西諸島や小笠原諸島にも自生している。

食わず嫌い

シマホオズキ

コルカタやデリーの街角の果物屋やバザールで、ときどき黄色いホオズキを束にしたのを売っている。聞くと、そのまま生で食べるのだという。「おいしいから買っていきな」と勧められるが、どうも子どものころに遊んだ赤いホオズキの中身の、あの癖のあるにおいと味を思い出して、手が出なかった。姉などは平気で中身を食べていたが、私はどうも食べる気がしなかった。インドのホオズキはそれに形も色もまったくよく似ているし、食べるまでもなく、その味が想像できたのである。

そんなわけで、薄い膜のようながくに包まれたホオズキの形には心惹かれるのだが、食べることにはずっと無関心でいた。しかし、いつだったかデリーの友人を訪ねたとき、朝食のトーストに添えて出されたその家のおばさんの手製のシマホオズキのジャムを食べてから、これは食わず嫌いをしていて悪かった、と思うようになった。ジャムとしてはさっぱりしすぎているぐらいだが、なかなかおいしいかったのである。

つい先日、このホオズキをコルカタの街角で見て、さっそく、そのまま買って食べてみた。酸味が少しあり、甘くておいしい。ホオズキ独特のにおいはややあるが、好き嫌いというのもいいかげんなもので、数個食べるうちにそのにおいも思っていたほどいやなものでもなくなった。

このホオズキは、原産地はペルーやブラジル高地である。高さ一メートルくらいになる多年草で、茎が木質化してなかば低木のようになる。味がスグリ（グースベリー）に似ていて、十九世紀まで南アフリカのケープ地方で盛んに栽培されていたのでケープグースベリーの英名で呼ばれている。葉は心形で縁に粗い波状の鋸歯があり、柔らかい毛があるのでケホオズキとも呼ばれる。アイスクリームのトッピングやジャム用に使われる。

このほかベンガル地方でブノテパリ（野ほおずきの意味）と呼ばれる野性のホオズキがある。こちらも熱帯アメリカ原産であるが、熱帯から温帯の各地の畑や道端に自然と生え、日本にも帰化してセンナリホオズキの和名をもらっている。学名は P. angulata。インドではこれも生で食べたり、煮炊きして食べるほか、民間薬として解熱などに用いられている。

シマホオズキ，ケホオズキ〔ナス科〕
Physalis peruviana
（ヒ）Ṭepārī, Ṭipārī
（ベ）Ṭepāri
（英）Cape gooseberry,
Indian goose-berry

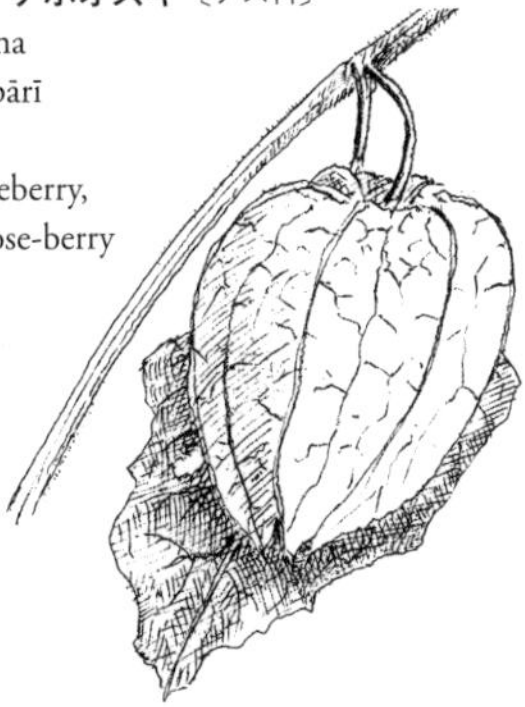

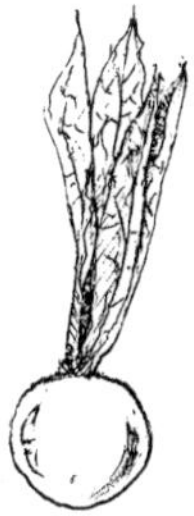

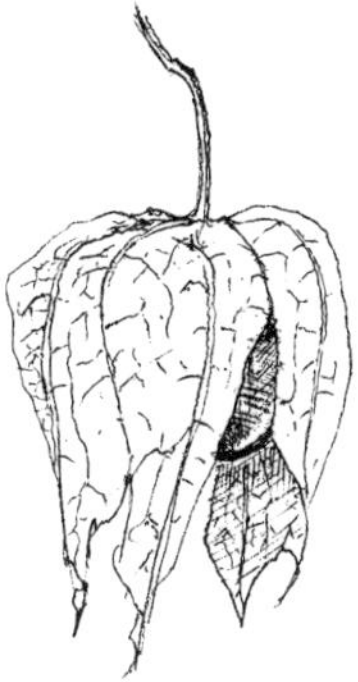

▶草丈 30 ～ 100㎝の多年草。葉は心形で全体に柔毛を吹き，縁に波状の粗鋸歯がある。淡黄色の合弁花は鐘形で長さ 1.5㎝。袋状の宿存がくに包まれた果実（ホオズキ）は黄熟すると食用とされ，甘酸っぱく，ほのかな苦みがある。

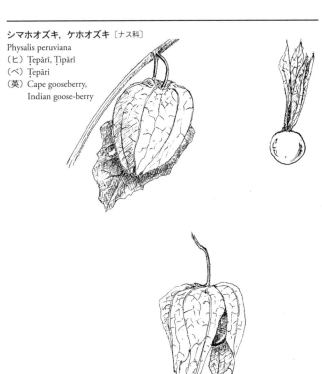

軽いけれど高価な物

ショウズクとサフラン

ショウズク（カルダモン）はインド料理に使う香料のなかでは高値な部類のものだ。ウイキョウやクミン（ジラ）、コリアンダーなどは五〇〇グラムくらいずつ買っても安いものだったが、ショウズクは一〇グラム単位で買ってもその何倍もする。

初めてインドに行ってまもないころ（一九七二年）、このショウズクを出されて、これは何の実だろうと思った。長さ一二～一八ミリメートルくらいの緑灰色の繊維質のさやの中に、虫の糞のような黒い粒が並んで詰まっていた。列車の中でいっしょに乗っていた友人がポケットから二、三粒取り出してくれたのだが、皮をむいてその黒い粒を噛みつぶすと、えもいわれぬ香気が口の中に広がった。これはインドの仁丹だ、と思った。そういえば当時、インディアンエアラインに乗ると、飛び発つ前にキャンディーや耳に詰める綿といっしょに、このショウズクが出されたのを思い出す。

ショウズクの植物を初めて見たのは南インドのタミール・ナードゥに行ったときのことで、農家の庭の木の下の薄暗い所に植えられていた。ショウズクはショウガ科の多年草で、

①ショウズク，カルダモン〔ショウガ科〕
Elettaria cardamomum
（ヒ）Chotī ilaycī
（ベ）Elāci, Chota elāc
（サ）Elā
（英）Cardamon

②サフラン〔アヤメ科〕
Crocus sativus
（ヒ）kesar
（ベ）Jāphrān
（サ）Kuṅkuma
（英）Suffron

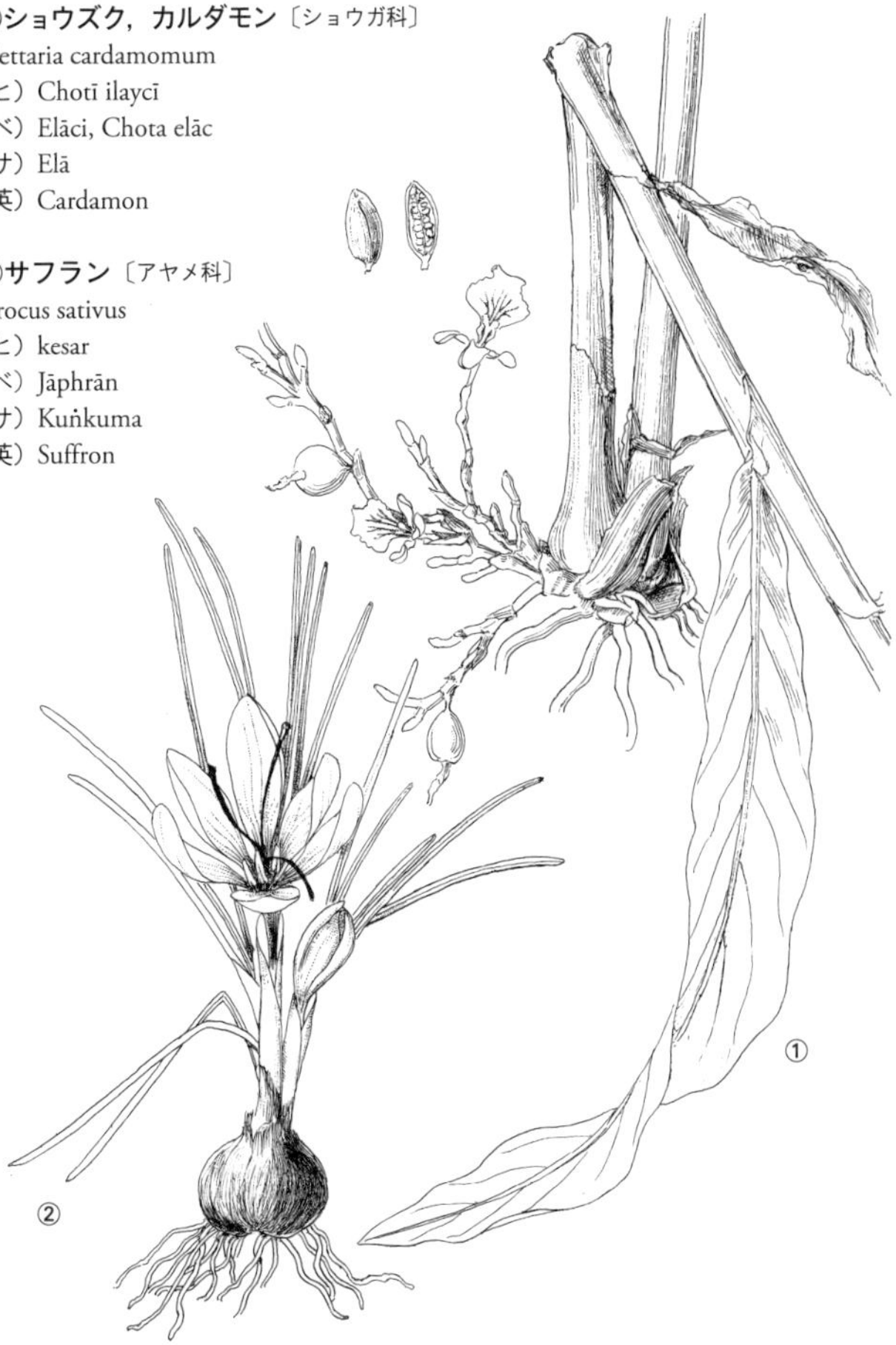

①▶高さ 2m。葉長 50 ～ 100㎝，披針形。偽茎下部から長さ 80㎝くらいの円錐花序を横へ出す。花はショウガに似て 1 個の完全雄ずいと，唇弁状に発達した仮雄ずいからなる。果実は 3 稜の楕円形で長さ約 2㎝，10 数個の種子を含む。

②▶球根直径 4 ～ 5㎝。晩秋に薄紫色のクロッカスに似た美しい花を咲かせる。雄しべ 3 個, 花柱は鮮紅色で 3 裂し長く伸びる。 3 倍体で不稔。開花後，冬に線形の葉は著しく伸びる。

葉は日本のミョウガに似ているがそれよりも大きく細長い。葉や根茎をちぎるとひじょうによい香りがする。花序は偽茎の地際の所から横に伸び出て、地表近くで、赤い斑点のある白い花をつけていた。私が見たのはマラバール種だと思うが、ほかにいくつかの品種がある。マイソール種は葉が暗緑色で、花序は地際から立ち上がる。

通称ブラック・カルダモン、グレーター・カルダモン、ベンガル・カルダモン、ネパール・カルダモン、ヒル・カルダモン、ブラウン・カルダモンなどと呼ばれるものがあるが、これは果実が黒く、大きさは前者のほぼ二倍あり、ヒンディー語でバリー・イラエチー、ベンガル語ではボロ・エラチと呼ばれている。これは同じショウガ科ではあるが、別属の Amomum subulatum と A. costatum 二種の植物の果実である。

いずれも香料として使われる。料理、菓子、茶、パーンなどに入れられ、ガラム・マサーラーの中にもはいっている。ふつうカレーに用いる香辛料は高温で熱して薫りを出すが、ショウズクは熱に弱く低温で用いたほうがよいといわれる。

ショウズクはサフランなどとともに、古くから漢訳仏典をとおして、高価なものとして日本にもその名が伝えられている。

『根本説一切有部毘奈耶《こんぽんせついっさいうぶびなや》』の第三巻に、「物に四種ありて不同なり、一に体重く価軽く、二に体軽く価重く、三に体重く価重く、四に体軽く価軽きなり」としてそれぞれの物を問うなかで、軽くて値が重い物として「繒綵《そうさい》及び絲《いと》、鬱金香《うっこんこう》、蘇泣迷羅《そくめいら》是なり」と、綾絹と蘇泣迷羅すなわちサンスクリット語でスークシュマイラー（香りのよいエーラー）すなわち香料のショウズクと、鬱金香と称するサフランがあげられて、軽いけれど高価な物の代表とされている。

ここで漢字で鬱金と書かれる植物は、今日ふつうショウガ科の多年草ウコン（ターメリック）をさすが、漢訳仏典の中では、クロッカスの仲間のサフランを指す場合が多い。鬱金という名はサフランのサンスクリット名クンクマを音写したものと思われ、いっぽうショウガ科のウコンの数あるサンスクリット名の中に鬱金の音に近い名は見当たらない。サフランライスなど贅沢な食品の色付けには、真っ赤な色をしたサフランの乾燥した雌しべ（柱頭）が使われるが、安価なウコンがその代用として使われ、流通するうちに、混同されていったのだろう。

サフラン

サフランは一つの球根から多くても年に三〜六個の花しか咲かない。しかもわずか一オンス（約二八グラム）の花柱を集めるのに四三〇〇〇個もの花が必要だというから、高価なのもうなずける。開花期は初秋の二週間くらいで短く、しかも花は早朝に開花、日が高くなるにつれてしおれていくので、柱頭の収穫は素早く行わなければならない。これによってひじょうに人手がかかり、高価になる原因にもなっている。

サフランの利用はかなり古く、紀元前一五〇〇年以前に栄えたギリシャのサントリーニ島の遺跡壁画にサフランの柱頭を採取する女性の図が描かれていて、その美しい絵図はよく知られている。日本では平賀源内が『物類品隲《ぶつるいひんしつ》』（一七六三年）にサフランの図を描いているが、実物が渡来したのは江戸時代後期と思われ、薬用に輸入がされたのは一八八六（明治十九）年だという。

高価なサフランは、混ぜ物や品質を偽造された物も多く出回っている。ガーデンビート（レッドビート）やザクロの皮を細く刻んだ物、赤く染めた絹糸などを混入したり、柱頭を蜂蜜につけて重量をかさ増ししたりして、多くの手口が考えられた。中世ヨーロッパでは「サフランの束法」が制定され、混ぜ物や偽造をした業者は死刑にも処されたという。

原産は南アジアあたりとされるが、自生はみられず、原種はクレタ島に自生するC. cartwrightianus、またはC. thomasii、C. pallasii と考えられる。イランが最大の栽培、供給源国。そのほかスペイン、インド、ギリシャなどが知られている。今も昔も用途としては大部分が香味料として使われるが、薬用としても古くから広く利用されてきた。

「ボシコロン」

シロアコン

タール砂漠の縁にあるクリーという村に着くと、同行した友人の従兄がちょうどジープで畑の見回りに出かけるところだった。私たちもそれに同乗させてもらった。

低い草だけが生える荒地をしばらく行くうちに、とつぜん空の片隅からにわかに雲がわきおこり、たちまち辺りを暗くした。冷たい風が吹きはじめ、長い毛をもつイネ科の草の穂が激しくなびき、銀色に光っている。小高い砂丘の向こうから、ワシのような鳥がふわっと舞い上がり、風に乗って斜めに流れていった。

友人が指差す方を見ると、七、八頭の鹿が耳をぴんと立ててこちらのようすをうかがっていた。もう少しよく見たいと思って車を止めてもらうと、鹿の群れははじけるように駆け出した。動物たちもみんなこの涼しい風を楽しんでいるように思えた。

ここが彼らの畑だという所は荒地とあまり区別がつかないような土地だった。しかし、よく見るとトラクターの畝の跡があり、丈の不揃いなバージラー（トウジンビエ）がまばらに生えているので畑だということが分かる。畑は広かった。そのわきの平らな土地に草で葺いた丸い帽子のような屋根を載せた円形の土の見張り小屋があり、ときどき小柄な男の人が出てきて、鳥や鹿を追い払うためのむちを鳴らしていた。むちの音は澄んだ空気を裂くように、パーンと銃砲のような音をたてた。長いむちの先に白いアマの繊維のような細いひもがついている。それが音をたてるのである。そのひもの繊維はインド西部の荒地によく見るシロアコン（カロトロピス・プロケラ）からとったものだ。そして、その男の人はもうひとつ、別の石投げのようなロープに石をはさんで、振り回してから、勢いのついたところでロープの先を放して石を飛ばした。こちらにも、先端にシロアコンの繊維の細いひもがついている。パーンという音とともにビィーンと辺りの空気を震わせて石が飛んでいく。これでは鳥も鹿も恐れをなして寄りつかないだろう。

土地の人たちはシロアコンをアークとかアカロと呼んでいた。先が赤紫色をした白い花をつけるこのシロアコンは、アフリカから中東、南アジア、東南アジアと広く分布する。インドでは西部の乾燥地方に多いが、いっぽう、北部インドから東部インドには青紫色の花をつけるアコン（カロトロピス・ギガンテア）が多く見られる。こちらはヒンディー語でアーク、ベンガル語ではアコンドと呼ばれ、シヴァ神と縁の深い植物として祭礼に用いられている。砂漠地方の人はシロアコンの繊維をむちの先に使うほか、綿毛に包まれた種子

シロアコン〔ガガイモ科〕
Calotropis procera
（ヒ）Madār, Āk, Ark
（ベ）Svet ākanda
（ラージャスターニ）Āk,
Akaro
（英）Sodom apple,
King's crown,
Rubber tree

▶高さ 2m 以下，まれに 5m になる常緑小木。葉は長さ 12 ～ 24㎝，倒卵形または楕円形で基部は心形で茎を抱く。枝や葉の裏面に白軟毛。花冠は径 3㎝弱で 5 裂片は白く、先端部が紫紅色。袋果は長さ 12 ～ 15㎝。全体に，傷がつくと有毒な乳液が出る。

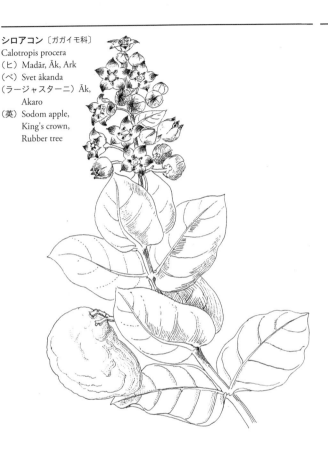

を枕の詰め物に使う。どちらも切ると毒のある白い汁液を出す。この汁液が目にはいると失明するといわれている。

英語でソドムアップルとかキングスクラウン、ラバーツリーと呼ばれている。ソドムアップルのソドムは、旧約聖書の創世記に出てくる悪徳と頽廃の都市で、天から降る硫黄と火によって焼き滅ぼされたという。その土地になるリンゴということだろう。果実はさや状で熟れると赤みをおびた緑褐色になり、ふっくらと丸くふくらんで、中に綿毛をつけた無数の種子を含んでいる。それをリンゴに見立てたのだろう。

帝政ローマ時代のユダヤ人歴史家フラウィウス・ヨセフスはソドムの近郊に生えるシロアコンの実を見て、こう記述している――あたかも食べられそうな色をしているのに、その中には、まるで灰が育っているようだ。それをもぎ取って手にするなり、煙と灰に化してしまうのだ――摩訶不思議で魔法のようだが、まるで嘘ではないし、好奇心をかりたてる表現である。

キングスクラウンの英名は花の形から、ラバーツリーは白い汁液が乾いて固まるとゴムのようになることからきている。アフリカのマサイ族はこの汁液を切り傷の血止めに使う。

ベンガル地方では、シロアコンはシェト・アコンド（白いアコンド）と呼ばれている。この植物はベンガル地方ではあまり見かけることがなく、珍しい植物といえるかもしれない。ビッショ・バロティィー大学の農学部に勤務していたジョロドロ・マジさんは、ヒンドゥーの祭式に使う野の草木や薬草にえらく詳しい人だった。彼がいうには、このシロアコンは人の心を意のままにするまじないに使われるということだ。そういう物を、ベンガル語で「ボシコロン」と呼んでいる。新月の夜中に沐浴をして身を清め、一糸まとわぬ姿でこの根を掘ってきて、マントラ（呪文）をとなえてからその根をタービーズという小さな金属製のチャームや筒に入れ、思いを寄せる人に贈って身に着けさせる。そうすると、その人の心を思いのとおりにすることができるようになるというのだ。人口密度が高くていつでもどこでも人の目があるベンガル地方では、いくら夜中とはいえ、すっ裸になってシロアコンの根を掘りに行くのは、そう簡単なことではなさそうである。とはいえ、こういう話を聞くにつれ、インドの西部の荒地ならどこにでも生えている雑木が、なんだかとても謎めいて不思議な力を持つ植物のように思えてくるのである。

一束二ルピー

スイレン

一九九一年秋、コルカタの空港に着くやバスに乗り、まっすぐ昔過ごした郊外のゴリアの町に行った。交通渋滞で二時間もかかってしまった。ふらつくようにバスを降りると、ゴリアの町は、そのざわめきも、水気をふくんだ空気のにおいも以前と少しも変わっていなかった。ちょっと驚かしてやろうと、友人の家の裏口からこっそりはいっていったのだが、家の人たちは、前ぶれなく現れた私を、驚くこともなくあまりに平然と迎えたので、拍子抜けしてしまった。

あちこち見回すと、割り竹を編んだ部屋の天井には、それまでなかった明るい電球がつき、牛小屋も立派になっていた。しかし、ベランダのすみに、はいだばかりのスイレンの茎の皮がまだ捨てられずにちらばっているのを見たとき、そこには十数年前、私がいたころと変わることのない時が、今も流れているような気がした。と同時に、以前、おばあさんがスイレンの茎を料理してくれたことを思い出し、もういちど食べてみたくなった。

スイレン〔スイレン科〕

スイレン（Nymphaea）属数種

（ヒ）Kokā（白），Nīlkamal（青）

（ベ）Sāpla, Sāluk

（サ）Kumuda（白）

（英）Water lily

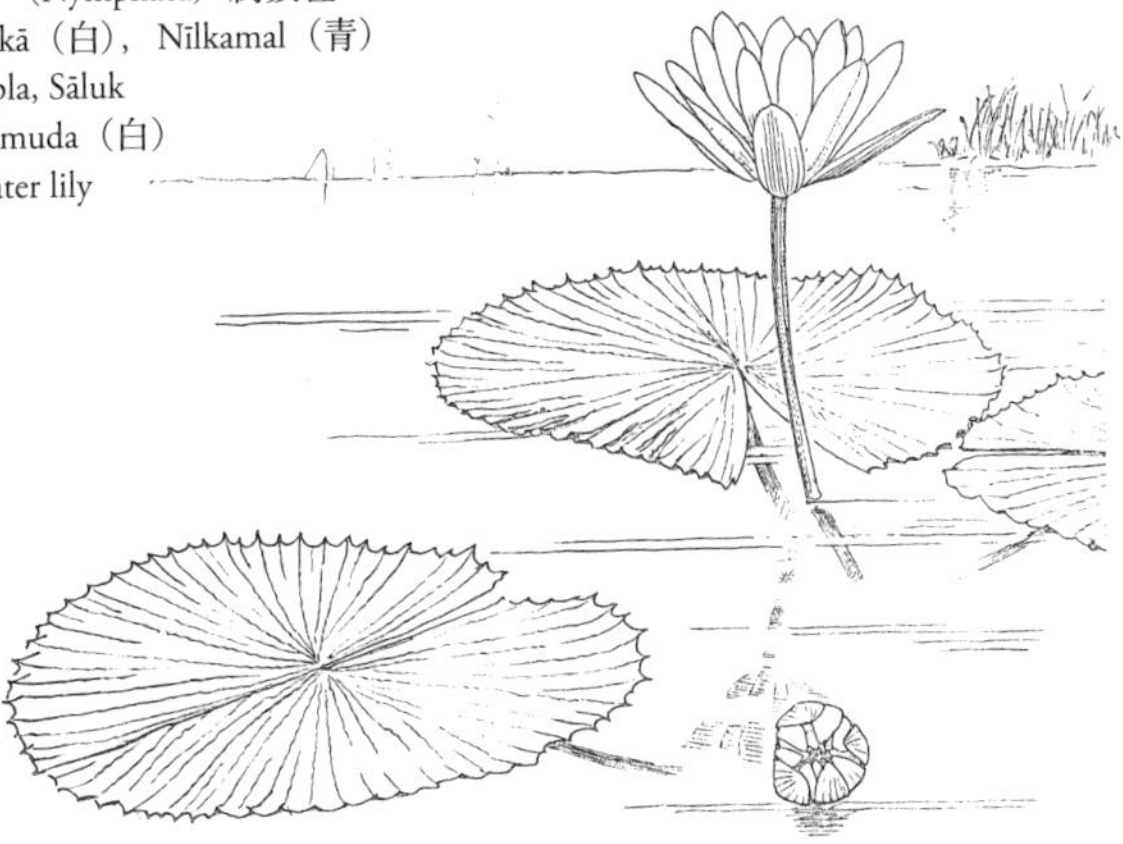

▶泥中に塊根状の地下茎をもち，長い葉柄と浮葉をもつ水生の多年草。花は昼咲きと夜咲きがある。インド平野部に野生する主な種は N. pubescens，N. nouchali，N. rubra などで，いずれも地下茎や花茎，種子は食用や，民間薬として利用される。

翌日バザールに行くと、白い花をつけたスイレンの茎が丸く束ねられて売られていた。田舎ならどこにでもある食べられる野草や木の実、こういうスイレンの茎などは都会の八百屋にはなく、たいてい田舎のバザールの、それもはしっこの方に座っているおばさんのかごなどにはいっていたりするものだ。そこのバザールでも、それは変わりなかった。二束一ルピーと非常に安い。その白い花のスイレンは夜開く種で、夕方の七時から翌朝の十一時くらいまでしか開いていない。私が買ったそのスイレンはもう閉じていた。

友人の奥さんは、スイレンの花首を何の憐れみもなくまとめてつかみ、ねじりとって捨てた。そして茎の皮を、手際よくフキをむくのと同じようにはぎとると、それを七センチメートルくらいに切り、油をしいた鍋にクミン、コリアンダー、カラシナとニオイクロタネソウ、フェネグリークの種をパチパチはじけさせ、鬱金、生姜、唐辛子を加えて炒め物にした。お昼に出されたスイレンの茎の一品は、黒ずんだ灰色になっていたが、食べてみると、よく煮たフキのような歯触りがしてとてもうまかった。

ベンガル地方では、昼咲きで薄青紫の花をつけるムラサキスイレンN. nouchali Burm. f.（= N. stellata Willd.）や、夜から朝にかけて咲き、赤や白、ピンクの花をつけ葉裏に軟毛があるN. pubescens Willd.や、大きくて濃い赤花をつけ青銅色の大きな葉をもつN.

rubra Roxb. ex Andrews などがあちこちの池に咲いており、これらの花茎も同様にして食べる。また地下の塊茎や種子はゆでて食べ、飢饉のときの非常食にされるとも聞いた。茎や根にはわずかな収斂性とごく弱い麻酔効果があり、赤痢の治療に用いられることもあるという。

広い空の下で池のあちこちに開いた美しいスイレンの花を見ると、その茎を食べるために抜き取ってしまうのはなんとも酷な気がする。

なじみの草

センシンレン

インドへ行くといつもお世話になる友人の家の庭には、常日ごろよく利用する植物がたくさんある。庭の中心にはインドセンダンの木が高くそびえている。この木はアーユルヴェーダの薬としてニームのヒンディー名で世界に広く知られているが、その苦い葉は薬としてだけではなく、ナスやナタマメなどの炒め物の味付けによく使われる。庭のあちこちにはひとりでに芽を出したパパイヤが屋根ほどの高さに育って青い実をいっぱいつけているし、また屋根にはツルムラサキやユウガオのつるが這いまわっている。そのパパイヤの青い実やツルムラサキやユウガオの茎や葉も、日々のカレーの具となる。ちょっと空いた場所は、ヤギがはいらないようにとげの多いイヌナツメの枝やヤシの葉でしっかりガードされて野菜ガーデンになり、トウガラシやナス、葉もの野菜などがつくられている。そして木戸から母屋までの通路わきにはマリーゴールドやニチニチソウなどの花が植えられ、それらの花は、毎朝摘まれて神の祈りに捧げられる。

センシンレン，カルメグ〔キツネノマゴ科〕

Andrographis paniculata

（ヒ）Kālmegh, Kirāyat

（ベ）kālmegh

（サ）kālamegha, Kirāta

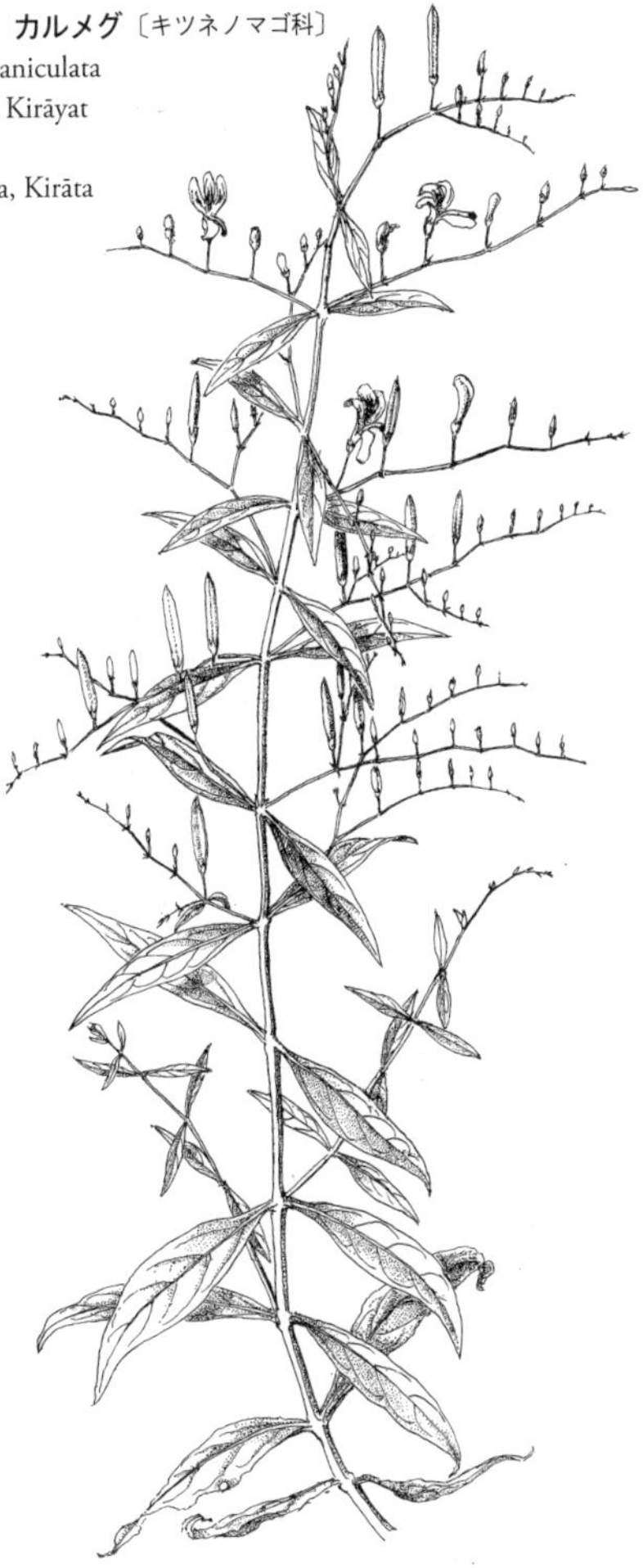

▶高さ 50 ～ 150cm くらいの一年草。茎 4 稜。葉は全縁の長楕円形で両端はとがり対生。葉腋から散形花序を出し，花は唇形で白，唇弁基部に青紫色の斑紋がある。果実は細長く，上向きに直立してつき，2 開裂，8 ～ 10 個の種子を放散する。

またアダトダ・ヴァシカやタイワンニンジンボクなどのような、便利な薬草も庭のところどころに植えられている。センシンレン（穿心蓮）もそんな薬草の一つで、野にふつうに生えている草なのだが、彼の家では、夕涼みのときにいつもござを広げて座る庭の真ん中近くに数本まとめて植えられていた。猛暑の五〜六月には枯れてなくなってしまうのだが、雨期の八月ごろにはまた芽を出して、いつのまにかまた同じ所に小さなやぶをなしていた。高さ三〇〜九〇センチメートルの一年草で花は白くて小さい。紫色の花のものもある。とくに目を引く植物ではないのに、いつも間近に目にしていたために、センシンレンは私のなじみの植物になっていた。

インドセンダン（ニーム）の葉は苦いことで有名だが、センシンレンの葉はその何倍も苦い。長さ四センチメートルほどの小さな葉っぱでさえ、あまりに苦くて一枚を全部食べることができない。友人のお母さんは、その苦い葉を摘んでアヨワン（セリ科の香料）といっしょにすりつぶし、小さく丸めて乾かし、丸薬にしてとっておくのだといっていた。本にはショウズク（カルダモン）やニッケイ、クローブなどとともに練り合わせるともある。ベンガル地方ではこれをアルイ Alui と呼んで、小児の便通の不調や消化不良時の家庭常備薬としている。また虫下しにもよいという。

センシンレンはインドからミャンマー、マーレーシアにかけて野性し、また栽培もされている。ヒンディー語ではキラーヤト、ベンガル語ではカルメグと呼ばれ、薬草の市場ではベンガル語名のカルメグでとおっている。

民家の庭には、よく見ると食用や観賞用ばかりでなく、薬としても便利な植物も意外と多く植えられているものだが、私にとってセンシンレンは、薬草というよりは懐かしいなじみの草として心に残っている。

魔物の木

ソリザヤノキ

ソリザヤノキのさやを初めて見たのは、私が高校三年生のころ。留学先のインドから、兄が珍しい物をいろいろ持ち帰ってきた。そのなかに、スキーの板のように平たくて反り返った大きなさやがあった。

そのさやの中にはひじょうに薄い紙のような翼をもったぺったんこの種子が、これ以上詰められないというくらいぎっちりと重なって収まっていた。その種子が空を舞うように飛ぶのである。薄い翼の中央の、ちょうどバランスのよい所に種子の本体が位置しているので、まるでグライダーのようにスーっと空中を滑空し、遠くまで飛んでいくのだ。また蝶のようにふわふわと、はばたくように上下しながら前方へ飛んでいくものもある。私と弟は、その種子のみごとな飛翔ぶりに目を丸くして驚き、種子の行方を見守った。そして、未知の国のジャングルに思いをはせた。

その数年後、私自身もインドで暮らすようになり、ソリザヤノキの野生の姿に触れる機

ソリザヤノキ〔ノウゼンカズラ科〕
Oroxylum indicum
（ヒ）Aralu, Sonāpāṭhā
（ベ）Śonā
（サ）Śyonāka
（英）Midnight horror,
Indian trumpet flower,
Soad fruit tree

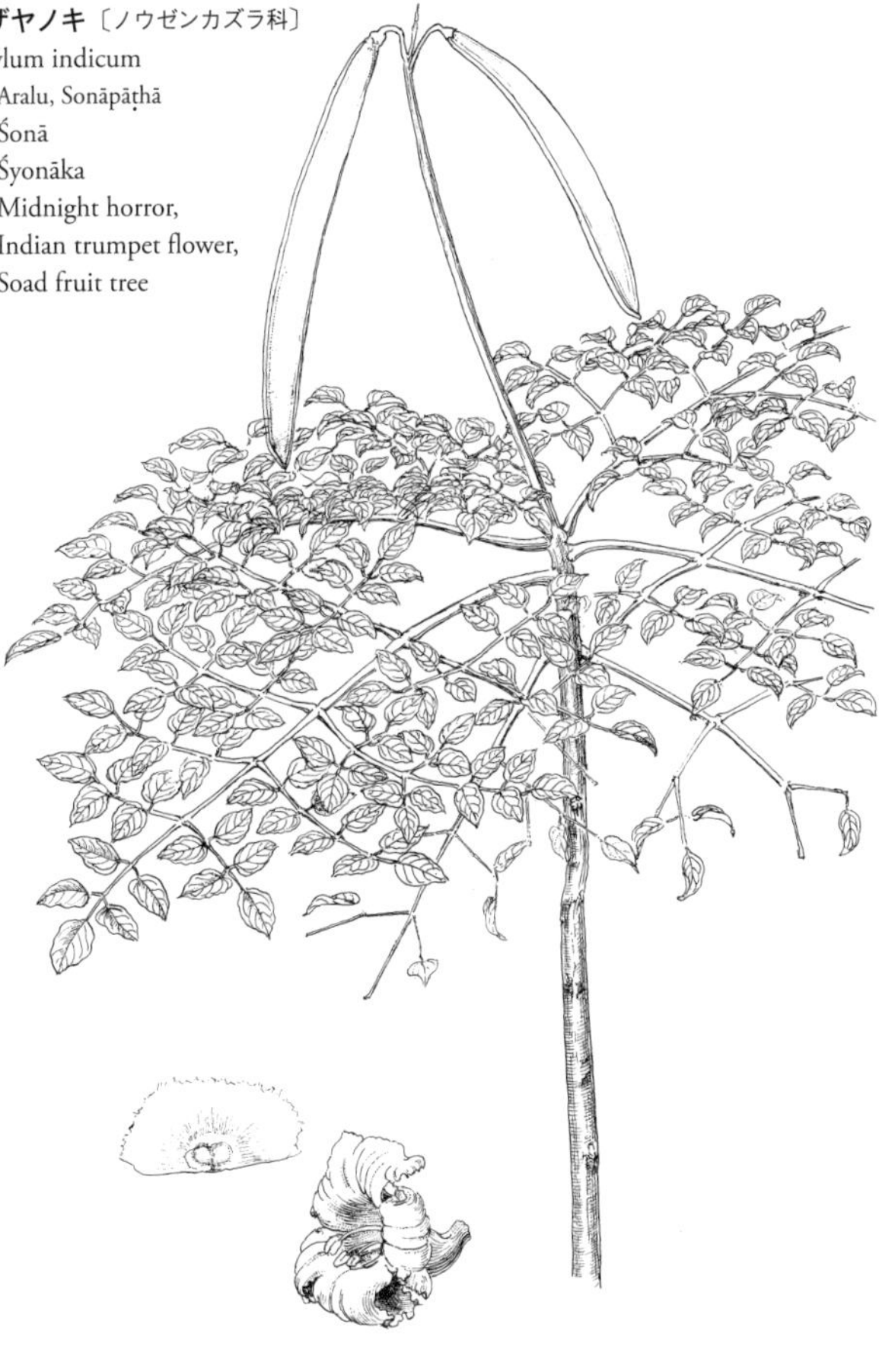

▶高さ 18m にもなる落葉高木。葉は 3 ～ 4 回羽状複葉で長さ 2m くらいになり双子葉植物中最大。小葉は長さ 8 ～ 13㎝くらい，斜卵形，鈍頭から微突頭で褐緑色。花は肉厚で湾曲漏斗形，夜開，早朝落花。長さ 1.5m くらいの剣形のさやを下垂する。

会をもった。ビハール州のチョタナーグプルあたりの落葉樹がまばらに生える山地で、思い描いていたジャングルのイメージとはほど遠かったが、そこを汽車でとおったとき、幹のてっぺんに反り返った鎌の刃のような形をした大きなさやをつけたソリザヤノキがたくさん生えているのを見た。木は、ちょっと見たところ、とげのないタラノキに似ていた。若い木は枝分かれが少なく、上の方にだけ深緑色の大きな複葉を広げるが、冬だったせいか、葉は海老茶色に変色して、あまり寒くもないインドの冬を、耐え忍んでいるという感じであった。

さやは扁平で幅七センチメートルくらい。長さは六〇〜一二〇センチメートルくらいと驚くほど大きく、それがそりのように反っている。それで和名をソリザヤノキというのだろう。サヤは熟して乾燥すると二つに裂け、二枚のスキー板のようになる。

ソリザヤノキはインドからタイ、マレーシアにかけて広く分布し、私が住んでいる西ベンガル州でも、ときどき見かける。ベンガル語名はソナで、金という意味がある。ソリザヤノキの種子は染色に使われる。こんなペラペラの種子から色がでるのだろうかと思うが、じつに美しい黄金色に布を染めることができる。それでソナ（金）と呼ばれるのだろうか……。樹皮で淡緑色に染めることもできる。ソナという語はまた、マメ科センナ属の生薬センナのベンガル語名でもあるが、ソリザヤノキの種子もアーユルヴェーダの薬として古くから知られている。タイでもまた生薬の店で売られている。

ソリザヤノキの種子は、仏教とも関わりがある。ヒマーチャル・プラデーシュ州やシッキム州の仏教徒たちは、この種子を神聖なものとみなし、紙のような薄い翼のある種子を糸で綴り、魔除けとして部屋に掛ける。また、ブータンのラマ教の寺院でも、この種子を染色して糸に通してつなぎ、仏前を飾るという（『ブータンの花』中尾佐助・西岡京治 朝日新聞社 一九八四／新版 北海道新聞社 二〇一一）。

七、八月の雨季に咲く花は直径四センチメートルくらい。筒形で内側はやや赤紫を帯びた褐色をし、外側は赤紫がかる。夜に咲き、いやなにおいを放ち、日が高くなる前に落花してしまう。英名の Midnight horror はそういう花の性質から付けられたのだろう。夜間に飛来するコウモリによって受粉がなされる。ヒンディー語名にも、お化けとか幽霊、魔物の木を意味するブータ・ヴリクシャの名もある。色も形も不気味な花だが、タイでは食用にされ、市場でもときどき売られている。もちろんさやも食べられる。チェンマイの市場でソリザヤノキの若いさやが蒸し焼きにされて売られているのを見た。買って食べてみたらほろ苦い味がした。ペーカーと呼ばれ、タイカレーの具にするらしい。さやは冬に熟れる。

つい最近、日本で、近所の保育園の園児たちにソリザヤノキの種子の滑空を見せたところ、子どもたちはもちろん、先生までもが目を丸くして驚いてくれた。遠い昔の感激がよみがえってきた。

美しい薬木

タイワンニンジンボク

ホームセンターへ行った帰り、東京の江東区にある清澄庭園に立ち寄った。門をはいると、さして広くはない庭園なのに、そこには外とは隔絶された静寂な空間があった。イロハモミジが色づきはじめていた。池を右回りにまわり、築山をすぎて庭園奥の自由広場に出ると、そこにタイワンニンジンボクの古木があった。インドの田舎でよく目にしていたタイワンニンジンボクに、東京の空の下で出会うとは思ってもみなかった。懐かしい人にぱったり出会ったような気持ちになった。

インドでは、民家の庭の隅や生け垣などに押しやられて無造作に枝を伸ばしていたタイワンニンジンボクが、そこでは台湾人参木と漢字で書かれた木の札まで下げられて、日本庭園の木々と調和を保つように、形よく枝を広げていた。それにしても、インドでもそのような立派なタイワンニンジンボクの古木は見たことがない。

インドではタイワンニンジンボクはアーユルヴェーダの薬木として知られている。和名のニンジンボクは、葉の形がニンジン（朝鮮人参）に似ているところからきている。ベンガル地方ではニシンダと呼ばれ、やはり薬木として名高いニーム（インドセンダン）とならんで、「ニームとニシンダのある所に死はない」といわれる。タイワンニンジンボクは、殺菌、抗がん作用があるといわれ、おできや腫れ物、耳の炎症、駆虫と薬効も広い。殺菌効果をもつタイワンニンジンボクは虫からも嫌われるようで、布や書物の防虫に、乾いた葉をはさんでおくとよく、はさんだ箇所が変色することもないそうだ。豆などの保存にもタイワンニンジンボクの乾燥葉を上に置いておくと虫がわかないという。また、夕方、村の人たちはタイワンニンジンボクの葉を蚊よけに焚く。

タイワンニンジンボクは、近くに住む先住民族サンタル人の墓地周辺でとくに多く見かけた。その村のサンタル人たちは多くがキリスト教徒で、遺体は土葬されるが、彼ら独自の神を信仰する人たちのなかには火葬にされる人もいる。だだっ広い野中にある彼らの墓地の周辺には、たいていタイワンニンジンボクが茂みをなしているのである。ある日、墓地をとおりかかったとき、近くで草刈りの手を休めて座っていた老女に聞いてみた。

「あの木のことかい？　あれはサンタル語でシンドゥール・ダリ（木）というよ。なぜかは分からないが、埋葬したあとに、シンドゥール・ダリの枝を近くに差しておく人が多

タイワンニンジンボク〔シソ科〕

Vitex negundo
（ヒ）Nirguṇḍī, Nisindā
（ベ）Niśindā, Nirguṇḍī
（サ）Sinduvāra
（英）Five-leaved chaste tree

▶かつてはクマツヅラ科。高さ2～8mの小高木。小葉は長い葉柄の先に掌状ときに3出状につき，披針形で鋸歯がある。インドでは4月ごろ，枝の先端から長さ18㎝くらいの円錐花序を出し，淡青紫色の唇形花をつける。石果は黒色で径6㎜。

いねえ。十字架はほかの木で作るけど……」

タイワンニンジンボクの葉は、ニームと同様に厄払いに使われるから、もしかしたらそういうことに関係しているのだろうかとも思ったが、はっきりした理由はわからないままである。

広い野っぱらの真ん中で、風に揺れるそのタイワンニンジンボクは、枝の下の方では長い葉柄の先に五枚の小葉を手のひら状に広げ、先の方では、三枚の小葉を広げて、その先にブッドレアを思わせるような美しい淡紫色の花を咲かせていた。東京でも戸外でだいじょうぶのようだから、この美しい薬木を、私はぜひ植えてみたいと思う。

この世の最後の乗り物

タケ二種

インド・西ベンガル州で、私が住んでいる家のすぐわきに、大きなタケの茂みがある。家は、一五、六年ほど前までは土壁にわらぶきの平屋だったが、今はれんが造りの二階建てになって、タケはその屋上の隅にある浴室の窓まで枝を伸ばし、大きな葉をさやさやと風にゆらしている。そのタケは、日本のモウソウチクなどのように地下茎が長く横に這わず、すぐわきにたけのこを出すので、稈《かん》（幹）は互いに隣接して直径二メートルくらいの株立ちになっている。おまけに稈の下の方にはとげのある側枝が多く、互いに絡み合っているので容易に立ち入ることができない。株の大きさは十数年来ほぼ同じような大きさを保っているが、それはときどき村の人がやってきて、家や牛小屋などの建築のために切って運んでいくからだろう。

インド北東部やバングラデシュでふつうに見られ、利用されているタケは、アナナシタケとインドトゲタケである。アナナシタケは稈の下部の方が肉厚で穴がほとんどない。インドトゲタケは稈の側壁がアナナシタケほど分厚くならず、稈の下部から出る側枝にとげが多い。私が住む家のわきにあるタケはインドトゲタケである。

人びとは、この二種のタケの違いは認めてはいるものの、ふつう、別々の名で呼び分けず、まとめてヒンディー語でバーンス、ベンガル語ではバンスと呼んでいる。これらの呼び名はインドの古語であるサンスクリット語のヴァンシャ（Vaṃśa）に由来しているが、この語は血統、家族をも意味している。

古代のインドでタケの話といえば、仏陀の昔、カランダ長者によって寄進された王舎城の竹林に、最初の仏教寺院として建てられた竹林精舎が思い出される。『ブッダのことば　スッタニパータ』（中村元訳　岩波書店）「犀の角」に、タケはこのように登場している。

> ……子や妻に対する愛着は、たしかに枝の広く茂った竹が相絡むようなものである。筍《たけのこ》が他のものにまとわりつくことがないように、犀の角のようにただ独り歩め……

日本では、タケは「竹を割ったような……」と、性格がすっきりとしていることのたと

①アナナシタケ〔イネ科〕

Dendrocalamus strictus

（ヒ）Bāṃs, Lakḍībaṃs, Narabāṃs

（ベ）Bā̃ś, Karail

（サ）Vaṃśa, Veṇu

（英）Solid bamboo, Male bamboo, Calcutta bamboo

②インドトゲタケ〔イネ科〕

Bambusa arundinacea

（ヒ）Bāṃs, Kāṇṭābāṃs

（ベ）Bā̃ś, Behur Bā̃ś

（サ）Vaṃśa, Veṇu, Kaṇṭakila

（英）Spiny bamboo,
Indian thorny bamboo

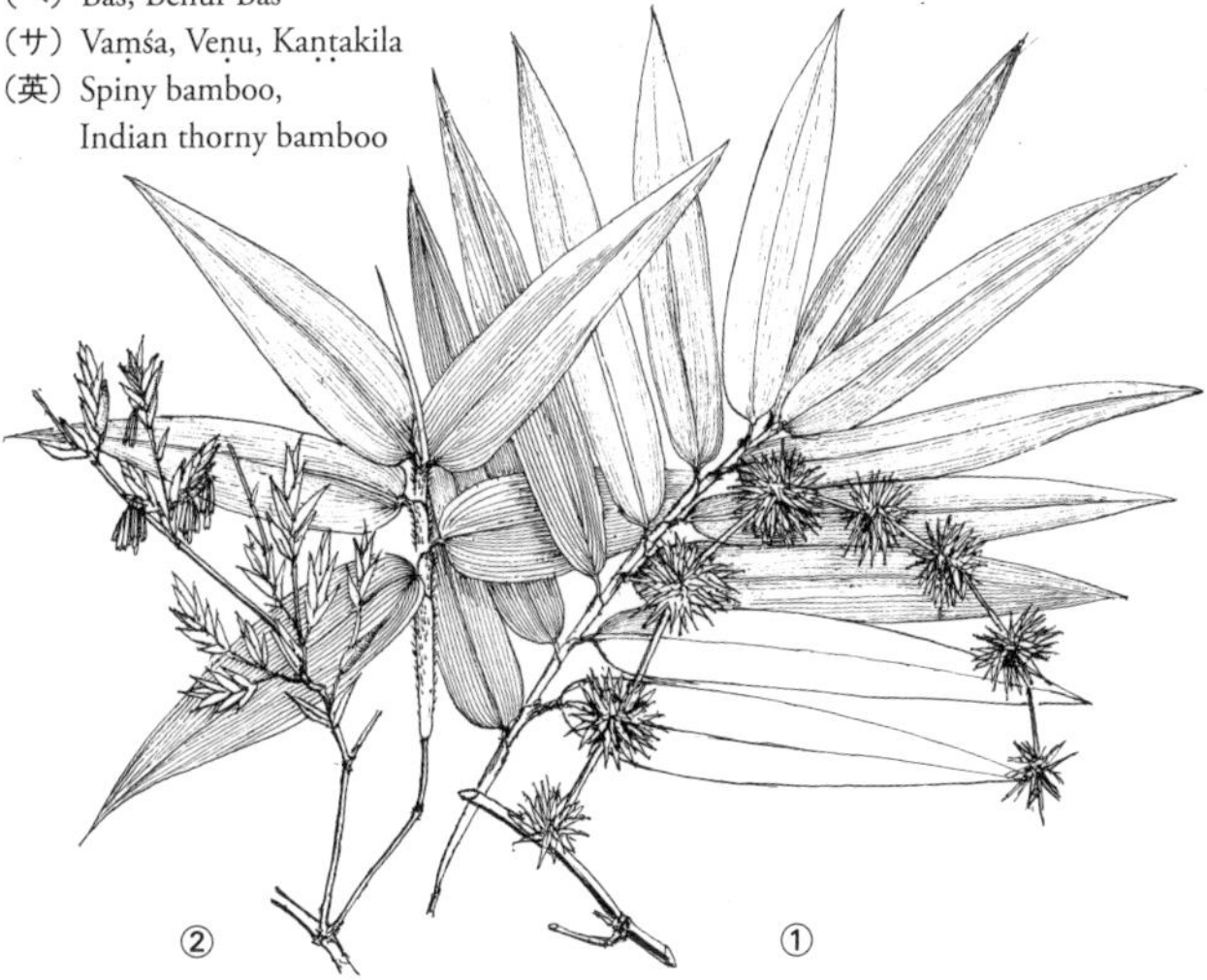

①▶稈は密に束生し，高さ 6 ～ 16m，径 4 ～ 9㎝。稈の下部は穴がないか小さい。地表近くの節には気根が多く，側枝は下方へ伸長。

②▶稈は密に束生し，高さ 10 ～ 20m，径 7 ～ 15㎝，肉厚中空。稈の下部には横へ伸びる長い側枝が多く，2.5㎝くらいのとげがある。

えにもちだされるが、ここで登場するインドのタケはまったく逆で、稈から出た側枝が互いに絡まり合い、複雑でものごとが簡単にいかないことの引き合いに出されている。しかし、そんなインドのタケでも、枝葉が出る前のたけのこは、ヴァンシャ（家族）のしがらみにもとらわれず、まっすぐに突き抜けて伸びていくのである。

コルカタ郊外の友人の家を訪ね、帰り際に家族といっしょに写真を撮るときのこと。ここがいい、あそこがいい、と背景を選んで並ぶたびに友人のお父さんが、「ここはダメだ、後ろにバンス（タケ）が写る。あっ、ここも隣の塀からバンスがのぞく」というので、そのつど私たちはぞろぞろと移動した。友人が苦笑いしながら「お父さん……」といさめると、お父さんは「タケは縁起が悪い。タケはこの世の最後の乗り物だからねぇ」と、笑って答えた。

そういえば、ヒンドゥーの人たちのあいだでは、遺体を焼き場へ運ぶ担架は、ひと昔前までは青竹で作られるものと決まっていた。ベンガル人がみなタケを忌み嫌うわけではないが、友人のお父さんがタケを避けたがるのは、彼がかなりご高齢で高位のバラモンの出だったからなのだろうか。

ベンガル地方には、バウルと呼ばれる求道的歌い手の集団がいて、列車の中を流したり、会場に呼ばれたりして哲学的宗教歌をうたう。そのなかに、ポリッキト・バラという人気のバウルがいて、彼の持ち歌のなかに、この世の最後の乗り物としてのタケの担架が歌われている。私たちの染織工房の織師もよくその歌を口ずさんでいる。ちなみに、その歌の訳を記しておく。

おまえの象牙の玉座も、空《から》のままとなる。
タケの担架に乗って、焼き場の岸へ行くその日から。
ひと握りの胡麻、数個の宝貝（三途の川の渡し賃）、
両のまぶたにはカミメボウキの葉をのせ、水壺をいっしょに添えて。
まとっていた高価な衣は、その日はぎとられ、
おまえを最初に父と呼んだ息子が、
焼き場の岸で荼毘《だび》の薪に火をつける。
いつくしんだおまえの身体は焼け去り、行い（カルマ、業）のみが残る。
他人を身内とみなし、おまえは幸せな家庭を結んだ。
だが、慈悲深き存在のみが、おまえのこのうえない身内。ほかは所詮みな他人。
そのいまわの時に、おまえはみなを捨て、ハリ（神）の名を呼べ。

この歌を初めて聞いたとき、私は感銘を受けた。このような哲学的に深く重い内容の歌を、ベンガルの村人たちのほとんどが、直接バウルの歌声で、またはラジオやモバイルで日常的に聞いたり、口ずさんだりしていることに、驚きもした。そして思った——私がインドの多くの人びとの生き様にたいしてつねづね抱いていた印象、なにごとにも肯定的で超現実的、なのに、最後にはすべてを捨てることのできるいさぎよさも持ち合わせている。あのすがすがしさは、この歌にうたわれているような世界観に人びとが日常的に触れ、それを共有しているからなのだろうか——と。

クリシュナ賛歌

タマール

インドの西ベンガル州の片田舎にある工房で、私や妻といっしょに草木染めをしている相棒の一番の楽しみは、クリシュナの賛歌を歌いながら村々を托鉢して回ることだ。彼は、染めの作業をしながらも、その賛歌をよく歌っている。そのなかに、クリシュナの愛人ラーダーが、ヴリンダーヴァンの森を去ったクリシュナを恋いしのんで友だちに歌って聞かせるこんな詩句がある。

……トマルの幹は黒い。クリシュナも黒い。だから私はトマルの木が好きなの。

ベンガル語でトマル（ヒンディー語読みではタマール）と呼ばれるその木は、いったいどんな木なのだろう……。この歌の一節を聞いてからずっと気になっていた。

ある用事で相棒のバイクの後ろに乗って出かけたときのことである。稲刈りも終わって干上がった田んぼの中にぽつんと立つほこらのわきに、マメガキに似た黄褐色の実をつけた木があるのが目に止まった。バイクを降り、田を横切って行ってみると、その黄色い実には四弁のへたもついている。カキノキ科の木の実に違いない。葉もマメガキを思わせる。相棒がいった。

「トマルの木だ。」

樹皮は、歌にうたわれるように黒っぽい褐色をしている。バングラデシュも含めて、ベンガル地方では広くこの木をトマルと呼んでいるのだ。それは、英語でマウンテンパーシモンとか、モットルドエボニーとかと呼ばれるカキノキ科の Diosphyros montana という木であった。雌雄異花で、果実はマメガキに似ているが、ほぼ球形で直径三センチメートルくらい。柿の仲間だが有毒で食べられない。村の人たちは熟した実を水虫の薬として使っていた。葉は粉にして魚捕りの魚毒に使われるそうだ。

トマルのサンスクリット語名はタマーラである。この樹名は、西暦二〇〇年ごろのサンスクリット語の説話集『パンチャタントラ』に収められた話にも出てくるが、その話は――一頭の酔っぱらった象が、あまり日差しがきついので、タマーラの木陰に来てたたずんだ。酔った勢いで象はいきなり鼻を振り上げ、タマーラの木に巣をつくっていたジャコビンカッコーとその卵を、枝ごとはたき落としてしまい、卵はみんな壊れてしまった。な

タマール〔カキノキ科〕

Diosphyros montana

（ヒ）Bistendu, Loharī

（ベ）Tamāl, Bangāb

（サ）Tumāla, Viṣatinduka

（英）Mountain persimmon, Mottled ebony

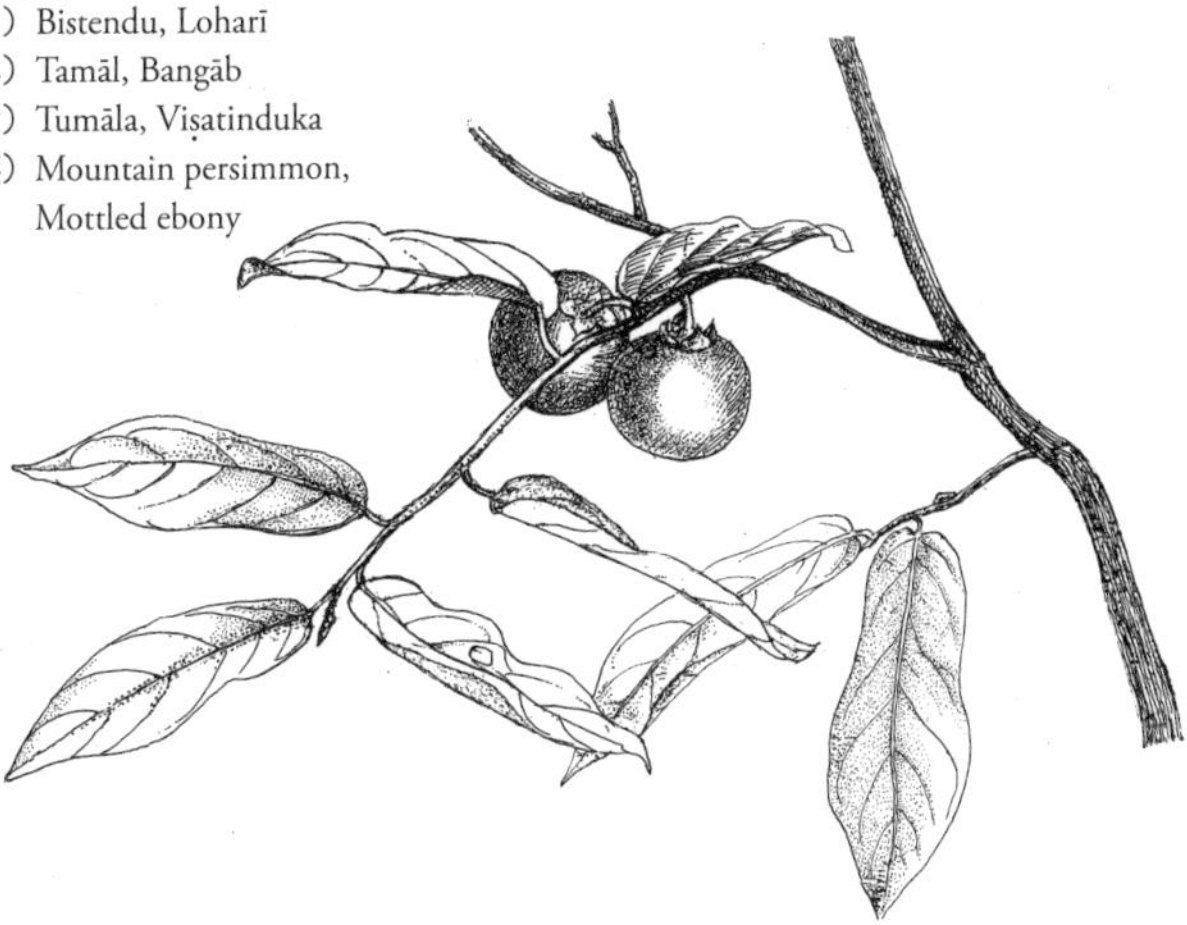

▶高さ 7m になる落葉高木。幹や古い枝にはとげがある。葉は卵形から楕円形で表裏とも平滑。雌雄異株で，3～4 月に開花。雄花は淡黄色に褐色の筋が入り，3 花が集散花序につく。雌花は淡黄色で葉腋に単生する。果実は径 3㎝くらいの球形。

んとか命拾いしたジャコビンカッコーの夫婦は、友だちのキツツキ、蜜蜂、蛙の手助けを得て酔っ払い象を穴に落とし、仕返しをする――というあら筋である。

ここでは象がその下に来て涼むというのだから、木はある程度大きく、葉を密に茂らせていることが分かる。ベンガル地方でいうトマルの木 Diosphyros montana は、前の歌のように幹が黒く、その木陰も暗いが、そう大きくならず、ふつうは五〜八メートルくらいのもので、しかも下枝が多く垂れやすいので、その下に象が立つのは少し難しいかもしれない。

ヒンディー語圏の人たちは、マンゴスチンと同じフクギ属のマイソールガンボージ Garcinia xanthochymus や他の同属の木を指してタマール（トマルのヒンディー語名）と呼ぶことが多いようである。マイソールガンボージの実はきれいな黄色で食べられ、この木からはガンボージ（藤黄、雌黄）という黄色樹脂が採れる。高さ八〜一五メートルで下枝も高く、象がその木陰に立つのに十分だが、樹幹の色が灰褐色なので、クリシュナ賛歌にうたわれているような黒い幹とは違っている。どちらがクリシュナ賛歌にうたわれる本当のトマル（タマール）の木なのか。今と違って、植物分類学の概念がなかったそのころには、一つの木の名前のなかに、似たような形態的特徴や性質をもつ数種の木が含まれていたのは当然のことだったのだろう

すっとした香気

タマラグス

インドで食事をしていると、カレーの中から茶色くなった大きな葉っぱがべろりと出てくる。ダール豆入りのキチュリというお粥にもよくはいっている。ヒンディー語でテージパッター、ベンガル語でテジパタと呼ばれる木の葉で、インド料理にはなくてはならない葉だ。日本語ではタマラグスという名がつけられている。においはややゲッケイジュに似ている。

この葉っぱは料理だけでなく、お茶などにも入れられ、よく使われるので、タバコやパーンを売る小さな店にも置いてある。料理の途中でこのテージパッターがきれているのに気づいた妻から、よく買いに走らされたのを思い出す。

雑貨屋の店先やわが家の台所、くず入れなどに捨てられた用済みになったテージパッターなどは、いろんな所で目にするのに、生きている緑のテージパッターやその木はあまり見かけない。自生地は、ヒマーラヤ山麓の海抜二〇〇〇メートルから三五〇〇メートルのあたりで、とくにアッサム地方の森に多い。栽培もさかんで、トリプラ州やミャンマー、バングラデシュでは東北部や中部でよく栽培される。だが、注意して見てみると、私がいる西ベンガル州でも庭などにまれに植えられている。

あまり高い木は見かけないが、高さ二〇メートルにはなるらしい。樹皮は赤みを帯びた灰褐色をしている。葉はほぼ対生または互生、長さは一七～二〇センチメートル。つややかで、クスノキの仲間特有の三本の太い葉脈が目だつ。新しく出た若葉は赤みを帯びて美しい。葉をもむと、クスノキやニッケイのような、すっとした香気がある。その香気が好まれて、いろんな料理にこのタマラグスの葉が使われるのだが、においだけでなく、この葉には消化促進、興奮、解毒などたくさんの薬効もある。このタマラグス（テージパッター）とセイロンニッケイ、ショウズク（カルダモン）の三種はトリジャートと呼ばれ、これらを加えてさまざまなにおいのよい薬がつくられる。

タマラグスの根皮はシナモン（セイロンニッケイの根皮）と同じ味がするので、増量のため混ぜられているとか。

タマラグス，タマラニッケイ

〔クスノキ科〕

Cinnamomum tamala

（ヒ）Tejpattā

（ベ）Tejpātā

（サ）Tamālapattra

（英）Indian bay leaf

▶北インドから中国南部原産の高さ 20m に達する常緑高木。つやのある葉はほぼ対生につき，葉柄は 12㎜くらい，葉身は長さ 7.5 ～ 15㎝で楕円形，3 本の主脈が目立つ。若葉は桃色。全体に香気がある。液果は長さ 12㎜くらいで黒く熟れる。

旺盛な生命力

チガヤ

東京の谷中墓地の土手で、小さいながらチガヤの群落が、綿のような白い穂を出して初夏の風にゆれていた。

チガヤはむかし懐かしい植物である。穂が出るまえの若く固いさやをツバナと呼んでいた。子どものころ、よくそのツバナを探しては、つんと引き抜いて、中に包まれた若い穂をチュウインガムのように嚙んだものだ。今それをとって嚙んでみてもさほどおいしいとは思えないのだが、あのころは、ツバナのさやの中に包まれたほのかに緑がかった白く柔らかい穂が、なんとも魅力的に思えた。ツバナのあの小さなさやの中に、小さな春が、きゅっと詰まっているような気がした。

チガヤは、明るい草地を好むイネ科の多年草で、ユーラシアからアフリカにかけて広く分布し、インドにもごくふつうに生えている。白くて細い地下茎を横に長く伸ばしてふえる。人の手によって繰り返し刈り払われる土手や野原、丈の高い植物が少ない明るい河原

チガヤ〔イネ科〕
Imperata cylindrica
（ヒ）Ulu
（ベ）Ulu, Ullu
（サ）Darbha
（英）Cogon grass

▶熱帯から温帯まで広く分布する，高さ 30 ～ 70㎝の多年草。細い根茎が地下を横に這い，大きな群落をなす。葉は線形で尖頭，長さ 20 ～ 40㎝，幅 7 ～ 12㎜。初夏に細い花径の先に長さ 10 ～ 20㎝，径 1㎝くらいの白い綿毛のある円錐花序を出す。

などでは、チガヤは旺盛な繁殖力を見せ、辺り一面に広がって、大きな群落をなす。これが畑などにはいり込むと、根絶するのがむずかしいやっかいな雑草となってしまうのだが、よそ目には、見渡すかぎり広がったチガヤが、白い穂を出して初夏の風にゆれている様は、なんとも美しい。

夏にはいる六月の夏越《なごし》の祓《はらえ》の日には、茅を束ねた輪をくぐって病魔や罪のけがれを払う「茅の輪くぐり」が、多くの神社で行われる。根津神社や上野の花園神社でも行われるが、この茅の輪は、もともとはチガヤの葉を小さな輪にしたものだったようで、鎌倉時代中期の『釈日本紀』に引用されている『備後国風土記』の疫隈国社《えのくまのくにつやしろ》の縁起に、このような話がみられる。

昔、スサノオノミコトが旅の途中、蘇民将来《そみんしょうらい》と巨旦将来《こたんしょうらい》という二人の兄弟の家に宿を求めたところ、弟の金持ちの巨旦将来は断り、兄の蘇民将来は貧乏ながらもスサノオノミコトを手厚く迎え、もてなした。のちに再びやってきたスサノオノミコトは、弟の巨旦将来に嫁いだ蘇民将来の娘の腰にチガヤの輪を結び付けさせ、それを目印にしてその娘以外の巨旦将来の一族をみな病でほろぼした。そして、スサノオノミコトは、茅の輪を身に着けていれば疫病から免れることができることを教えた。

これも、もとはチガヤのこの旺盛な生命力にあやかってのことだろう。

インドでも、チガヤはちょうど日本でチガヤが穂を出す五月ごろに穂を出す。インドの五月は猛暑の季節で、熱い風の吹き渡る野や田の畦で、チガヤが穂をなびかせながら白い綿毛を飛ばしている。とくにベンガル地方では、その美しい銀白の穂波は人びとになじまれているようで、こんなことわざもある。「チガヤの原に真珠をまく」、チガヤの銀白の穂が出そろった野に真珠をまいてもその美は発揮されない＝無駄でもったいないこと。

また、チガヤはサンスクリット語ではダルバと呼ばれ、聖草としてヒンドゥーの儀式にも用いられ、古くから神話にも登場している。チガヤにまつわる次のような興味深い話がある。

ナーガ（蛇）は、ガルダ鳥が天国から持ち帰ったアムリタ（不死の甘露）がはいっている壺を、身を清めてから飲もうと、チガヤの草むらの上に置いて沐浴に出かけた。だが、そのあいだに、天国からアムリタの壺を探しにやってきたインドラがそれを見つけ、天国に持ち帰ってしまう。がっかりしたナーガは、チガヤの上にこぼれたアムリタのしずくを必死になってなめ、ギザギザしたチガヤの葉の縁で舌を切って、舌が二つに裂けてしまった。それ以来、ナーガの子孫である蛇たちの舌は二つに裂けているのだ。

チガヤは秋から冬にかけて、葉のへりが真っ赤に色づくが、この話を聞くと、それも、ナーガの舌の血が染みついたからではないかと想像をたくましくしてしまう。

先日、浅草の植木市「おふじさん」で、葉がひときわ濃い赤に色づいたチガヤの小鉢が売られていた。懐かしさにかられてひと鉢買うと、挿された名札には紅チガヤと書かれていた。ちなみに紅チガヤは英語でジャパニーズ・ブラッド・グラスと呼ばれ、海外でも人気があるが、温暖な地で栽培し続けると、赤い葉はしだいに緑色になって、ふつうのチガヤと変わらなくなってしまうという。

便利な野菜

ツルムラサキ

ツルムラサキを初めて食べたのは日本でだった。スーパーの棚に上品顔して並んでいたのを買って帰ったのだが、青くてつやつやした葉をつけ、棚の上でもまだ成長を続けていたのではと思うほど元気な太い茎を、フライパンでバター炒めにして食べてみた。ぬるぬるしてひじょうに青臭く、ぜんぶ食べられなかったのを覚えている。これはきっと料理法がまちがっているのだろう、と思った。

インドのベンガル地方では一年をとおしていつでもツルムラサキはバザールに出回っている。ほかの緑葉野菜がバザールから姿を消す真夏でも、このツルムラサキだけは買うことができる。また、ふつうの家でも、たいていは一本くらい庭の片隅にツルムラサキが植えられているものだ。ツルムラサキにはつるや葉柄などにアントキアンを含んだ赤紫色をしたものとアントキアンを含まない緑色をしたものがある。赤紫色のほうは英語でRed Indian spinach、学名はBasella rubraで、緑色をしたほうは英語で　White Indian spinach、学名がB. albaとなっている。赤紫色をしたほうは緑色の物に比べてずいぶん茎が細く箸くらいの太さなのに対して、緑色のツルムラサキはおとなの指くらいの太さがある。ベンガル地方では緑色の物がよく植えられていた。友だちの家では、台所の裏の灰捨て場にツルムラサキが植えられていたが、台所の屋根に這い上がったツルムラサキは、ときどき引きずり下ろされて枝葉を提供させられ、そのあとに、また、ばさっと屋根に放り上げられていた。ちょっとした野菜の品不足のときに、あるとたいへん便利な野菜である。枝の先に小さな花序をつけ、胡椒くらいの大きさの実を結ぶが、これもこりこりしておいしい。

茎や葉は適当な長さに切って、たいていはチョッチョリ（水っぽい炒め物）にする。ターメリックやその他の香料を使って味付けされたツルムラサキは、まったく臭みがなくなり、ぬめりも少なくなっておいしい。

インド、熱帯アジアの原産とされるが、不明。茎が緑色の物は日本へは徳川時代に渡来し、紫色の物は明治になってから伝えられたという。おひたしに向くと書かれていることがあるが、ツルムラサキのおひたしは最悪だと思う。

ツルムラサキ〔ツルムラサキ科〕

① Basella rubra 赤茎種，② B. alba 緑茎種
（ヒ）Poī
（ベ）Pũi
（英）Indian spinach,
Malabar nightshade

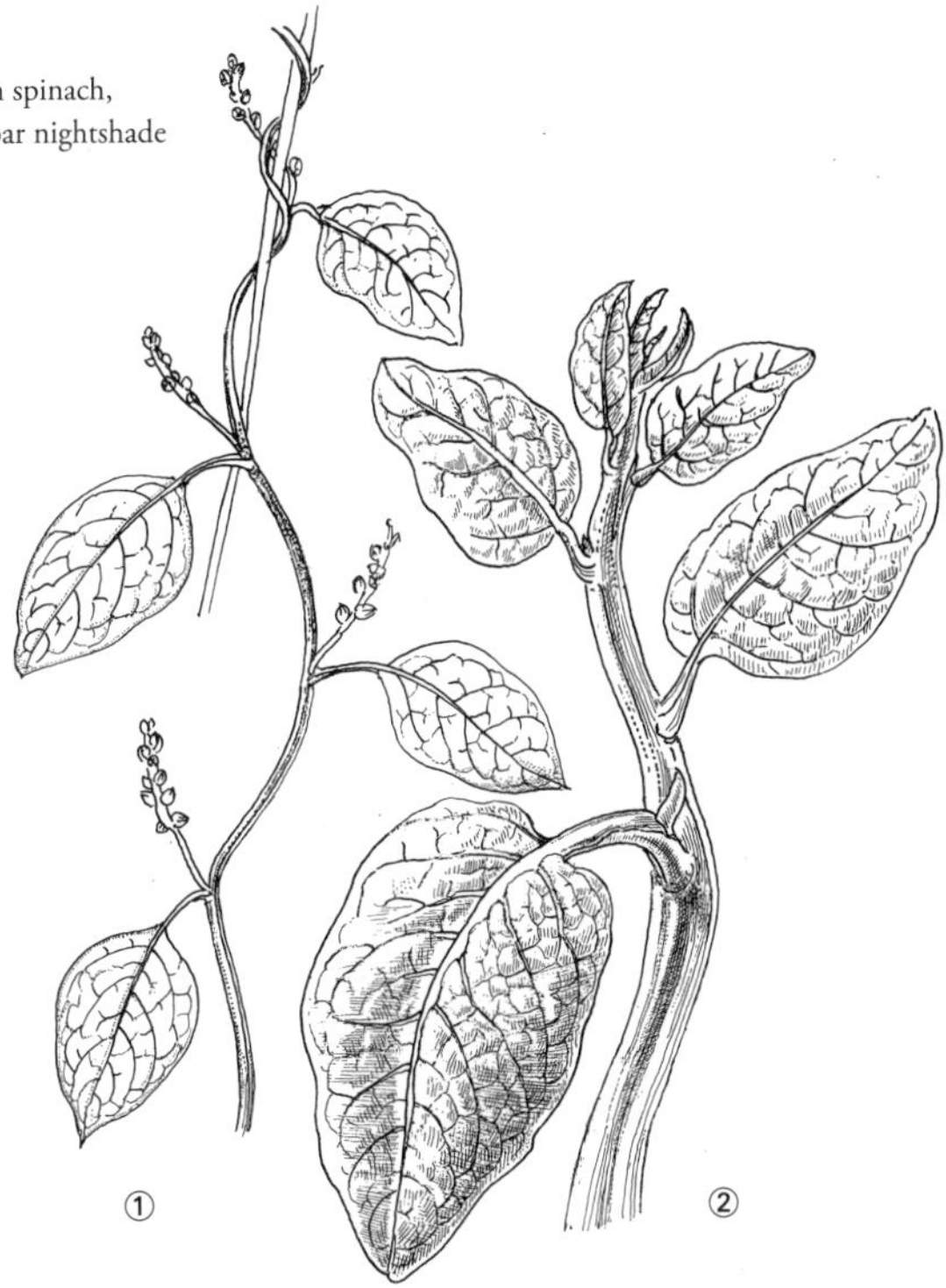

▶長さ 4m くらいのつる植物で，茎は赤紫色。葉は広卵形で肉厚。花は葉腋から出る穂状花序につき，薄桃色。5 個の肉厚のがく片は基部で融合し筒形。果実は黒紫色。

熱帯の庭

ツンベルギア三種

いろいろなつる植物が、インドの庭をとても魅力的なものにしている。日本ではつり鉢からおとなしく垂れ下がっているオウゴンカズラ（ポトス）も、熱帯の庭では別種かと思うほど大きくなって、黄色い斑のある葉をおもいきり繰り広げながらヤシの幹の上の方まで這い上がっている。邸宅のバルコニーから、オレンジトランペット・バインが花のすだれをざらりと垂らしていたりするのも、さすがにインドならではだ。そこには、温室でだいじに育てられているときの頼りなさはなく、むしろ、放っておいたら何もかも覆い尽くしてしまうような力強さがあって、恐怖さえ覚える。いつも冬間近になると、熱帯植物の冬越しをどうしようかと、鉢を抱え、室内の日当たりのよい所を探してうろうろしている私は、そういう景色に拍子抜けしてしまうのだ。

ツンベルギアは熱帯から亜熱帯性のつる植物で、この属のなかには美しい花をつけるものが多い。

ベンガルヤハズカズラ

インドの、ちょっと花好きのお宅の生垣などには、ベンガルヤハズカズラが薄紫の大きな花を咲かせている。ベンガルヤハズカズラは、インドのアッサム州や西ベンガル州、バングラデシュからタイにかけて自生するツンベルギアで、ときどき、人の手が入らない野のやぶのような所でも、辺りを覆いつくすように広がってみごとに咲き誇っているのを見ることがある。柄のある葉は角ばった心臓形で対生につく。葉の表面には微細な短毛が密生し、ビロードのような感じがある。やぶの上に勝手に生い茂って大きな花をむらがりつけている様も美しいが、アーチや棚にからませて、品よく咲いているのも美しい。花の色は薄青紫から青紫まで変化があり、ベンガル語ではこれをニルロタ（青いつる）と呼んでいる。

ベニバナヤハズカズラ

西ベンガル州の片田舎にある私たちの染織工房の庭にも、ベニバナヤハズカズラ（スカーレットクロックバイン）のつるが、インドセンダン（ニーム）の木にからみついて高い所まで上っている。毎年秋の終わりごろ、細くて長い花序を垂らし、えんじ色のがくからオレンジ色の花冠を突き出してそよ風に揺れている。花は暑くなりだす三月ごろまで咲き続け、

②
①

①ベンガルヤハズカズラ〔キツネノマゴ科〕
Thunbergia grandiflora
（ヒ）Nīl latā
（ベ）Nīl latā, Nīlbanalatā
（英）Bengali clock vine, Bengal trampet

②ベニバナヤハズカズラ〔キツネノマゴ科〕
Thunbergia coccinea
（ネパール語）Kānse, Siṃgārne laharā
（アッサム語）Chongā latā
（英）Scarlet clock vine

③ヤハズカズラ〔キツネノマゴ科〕
Thunbergia alata
（英）Black-eyed Susan vine

③

①▶つるの長さ 6 m くらい。基部は木質化し，地下部は多肉塊茎状。葉は長さ 15 ～ 20㎝の角ばった心形。花径 5 ～ 6 ㎝。

②▶つるは 9m くらいに伸び上がり，下部は木質化。葉長さ 10 ～ 15㎝長卵形。長さ 90㎝くらいの総状花序を下垂する。

③▶高さ 2.5m。葉は長さ 4 ～ 7㎝卵状三角形で，基部は心形から矢じり形。葉柄に翼がある。径 4 ㎝くらいの花を葉腋に単生。

蜜を求めてさまざまな小鳥がやってくる。このツンベルギアはインド、ネパール、ミャンマーからマレー半島の原産といわれる。インドではアッサム州やメーガーラヤ州に自生が見られ、アッサム語でチョンガー・ラターと呼ばれている。庭園にもよく植えられ、棚などから長い花房をたくさんぶら下げている様はほんとうにみごとである。

熱帯アフリカ原産のヤハズカズラもよく見かける。ところによっては雑草化し、わざわざ植えたとは思えないような所にも繁茂して、五つに分かれた山吹色の美しい花をいっぱいつけている。花冠の中央の細い筒部は濃いえんじ色をしていてかわいい。花筒部は二枚の卵形の苞に包まれている。葉は卵状三角形で基部は心臓形かまたはやじり形、葉柄には翼がある。ほかのツンベルギア属の植物にくらべてヤハズカズラは種を結びやすい。種子は二つの子房に二個ずつ四個できる。日本には一八七九（明治十二）年に渡来しているという。この種を花屋で見つけてまいたことがあるが、なかなか芽が出ないのであきらめていたところ、初夏になって忘れたころにやっと芽を出し、夏には数個の花を見せてくれた。インドで見たような勢いはなかったが、それでもわが家の庭に熱帯の雰囲気を作り出してくれた。

値打ち物

トウ

詩聖ロビンドロナト・タゴールが創設したシャンティニケトンのビッショ・バロティー大学は、彼の父デベンドロナト・タゴール（一八一七—一九〇五）が開設したアーシュラマ（修行者の道場）が前身となっている。同大学では、デベンドロナトがブラフモ協会の入門儀礼を受けたという日を記念して、毎年十二月二十一日に祭典が行われる。広場には市が立ち、ベンガル各地の手織りサリーやカンタサリー、カシミール刺繍のショールなどを売る店、金物屋や食べ物屋などがところせましと並び、コルカタからもおおぜいの人がやってきて大混雑になる。

そんなにぎやかな市の隅っこの方に、村からやってきた竹細工や真鍮の鋳造品を売る人、小間物やヤシの葉で作った手作りのおもちゃなどを売る人たちが陣取っている。

去年の市で、小さなステッキ屋の台に、細いトウの棒が並べられているのを見つけた。弾力があってよくしなり、じょうぶそうである。機織りをしている友人が、布をぴんと張るための伸子に、アシ茎に似たムンジャソウの茎の先に針をとりつけて使っていたので、しならないムンジャソウの茎よりはトウの棒のほうがよくしなっていいだろうと思い、彼のために買って帰った。するとそのトウの棒を見た別の友人が、「これはいい物を買ってきてくれた。家の息子が勉強しないとき、これをむちに使おう」といって横取りしようとした。それを見て、遊びにきていた近所の男の人がいった。

「ベト（トウ）のむちを使うとは本格的だな。ベトのむちで打つと表面は傷つかないが皮膚の下がぐずぐずになるんだぜ。だから警察は犯人の口を割らせるとき、ベトのむちを使うんだ。」

トウの棒一本から、ずいぶんいろんな話が出てきた。

ベンガルのトウ細工といえば、コルカタ郊外に住んでいたころに、カーリーガートの門前の神具店で買ったダマと呼ばれるかごを思い出す。トウをぴったりとすき間なく巻き上げてつくった大きな椀形のかごで、しっかり作られていてずいぶん長いこと使った。その店には、トウの種子で作った首飾りも売られていた。種子は直径四、五ミリメートルでつやがあり、堅く、しわがあり、赤黒い色をしている。その種子に針金をとおして鎖のようにつないだものである。あれから四〇年もたっているが、今も売られているのだろうか。そのお店の主人の話では、バングラデシュではトウの実を食べていたそうだ。甘くておい

トウ〔ヤシ科〕
Calamus 属の数種
（ヒ）Beṃt
（ベ）Bet
（サ）Vetasa
（英）Rattan

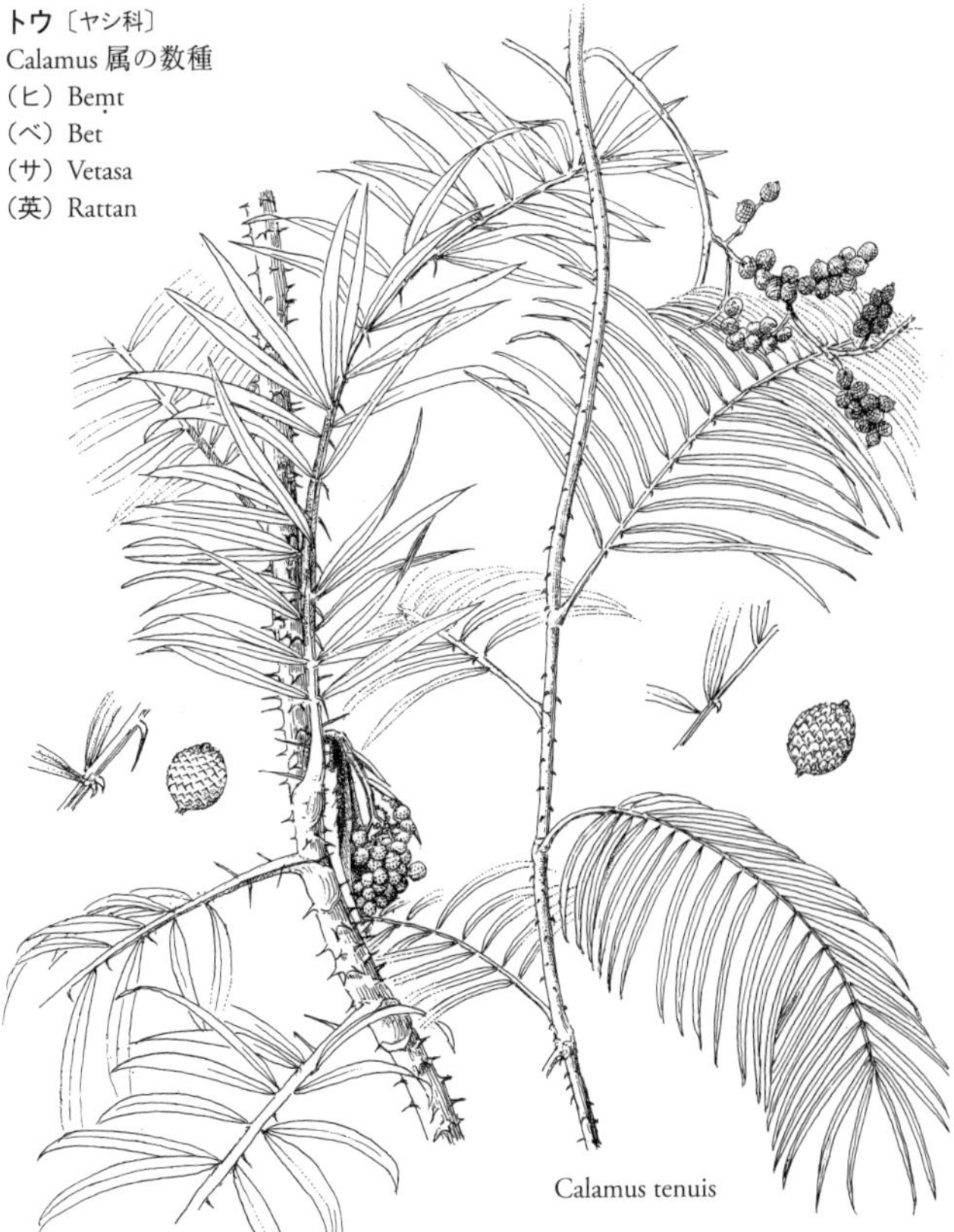

Calamus tenuis

Calamus viminalis

▶トウはトウ属（広くはトウ亜科も含む）のつる植物の総称。東部インドからバングラデシュでは Baṛa Bet（大籐）C. viminalis と Chā̃ci Bet（本籐）C. tenuis 2 種の幹をよく籐材とし，果実を食用とする。両種とも幹，葉柄に曲がったとげ，葉鞘には長く鋭いとげがある。前者は幹径 4㎝，長さ 35m。後者は幹径 1.5 ～ 2.5 cm，長さは 60 ～ 90m。

しいらしい。

ガンガー河口近くのゴショバという村に行く途中で、トウが大きな木に寄りかかるように茂っているのを見た。その茎を包む葉鞘や葉の中肋には長くて鋭いとげが密に生えていて、それを切って細工をするのは容易なことではないように思われた。細工をするには、切り倒してから放置し、茎を包む葉鞘が十分腐るまで待つのだそうだ。それを考えると、トウの棒一本がずいぶん値打ちものに思えてくる。

絶交のしるし

トウガラシ

トウガラシは、インド生活を始めるにあたって、一つの関門だと思う。留学にきてまもないオーストラリア人の女性が、「入れないでといったのに、またはいってる……」といいながら、オムレツから必死になって青トウガラシをつまみ出していた。自分にもそんな覚えがある。トウガラシのせいかどうかは知らないが、彼女は二週間で帰国してしまった。

しかし辛いのにすこし慣れてくると、トウガラシ、とくに青トウガラシの風味は捨てがたいものになってくる。その澄んだ辛味とにおいはトマトサラダによく合い、タマネギの刻んだのと、青トウガラシの細かく切ったのを加えて塩でもんだだけでとてもおいしいサラダになる。とくに暑いときにいい。ラージャスターンの絵の先生の家で出されたトウガラシのピクルスには驚かされた。バラー・ラール・ミルチとかカシミリ・ミルチと呼んでいた大きな真っ赤なトウガラシの中に、小さなトウガラシを刻んだのが、ウイキョウやコリアンダー、その他多くの香料といっしょに詰め込まれているのだ。それをちぎったチャパティーに少しずつ包んで食べるのだが、まねしてやっているうちに、ある日突然、そのおいしさに気付いた。
トウガラシは古くから中央アメリカから南アメリカで栽培され、コロンブスによってスペインに運ばれた。一五四八年にはイギリスにもあったことが記録に残っている。インドにはポルトガル人によって早い時期にもたらされ、ついで東南アジアに広まったという。そうすると、それ以前のインド料理の辛味はいったいどうしていたのだろう。ひょっとしたらコショウだけくらいのもので、そう辛くはなかったのではないだろうか。あのオーストラリアからきた女学生も逃げ出さなくてすんだかもしれない。

帰国してから、懐かしんで青トウガラシを庭に植えた。実がたくさん着いたころ、ちょうどニガウリの実もなったので、トウガラシとニガウリをお世話になったある人の家へ持って行った。たまたまそこに来ていたベンガル人のお客さんが、「あらまあ、トウガラシとニガウリのプレゼント？　どちらも絶交のしるしなのよ。人にあげるときには、手渡しせずに、わきにそっと置いておくといいわ」と教えてくれた。そういえば、店の軒先やタクシーのフロントグラスに、糸にとおしたトウガラシとライムの実がよくつるしてある。厄よけのためだという。辛い物や苦い物、酸っぱい物は邪悪な物を遠ざけるように、人をも排除するのだろう。

トウガラシ，ナンバン〔ナス科〕

Capsicum annuum

（ヒ）Mirc, Mirca

（ベ）Maric, Laṅka

（英）Chilli, Chilepepper

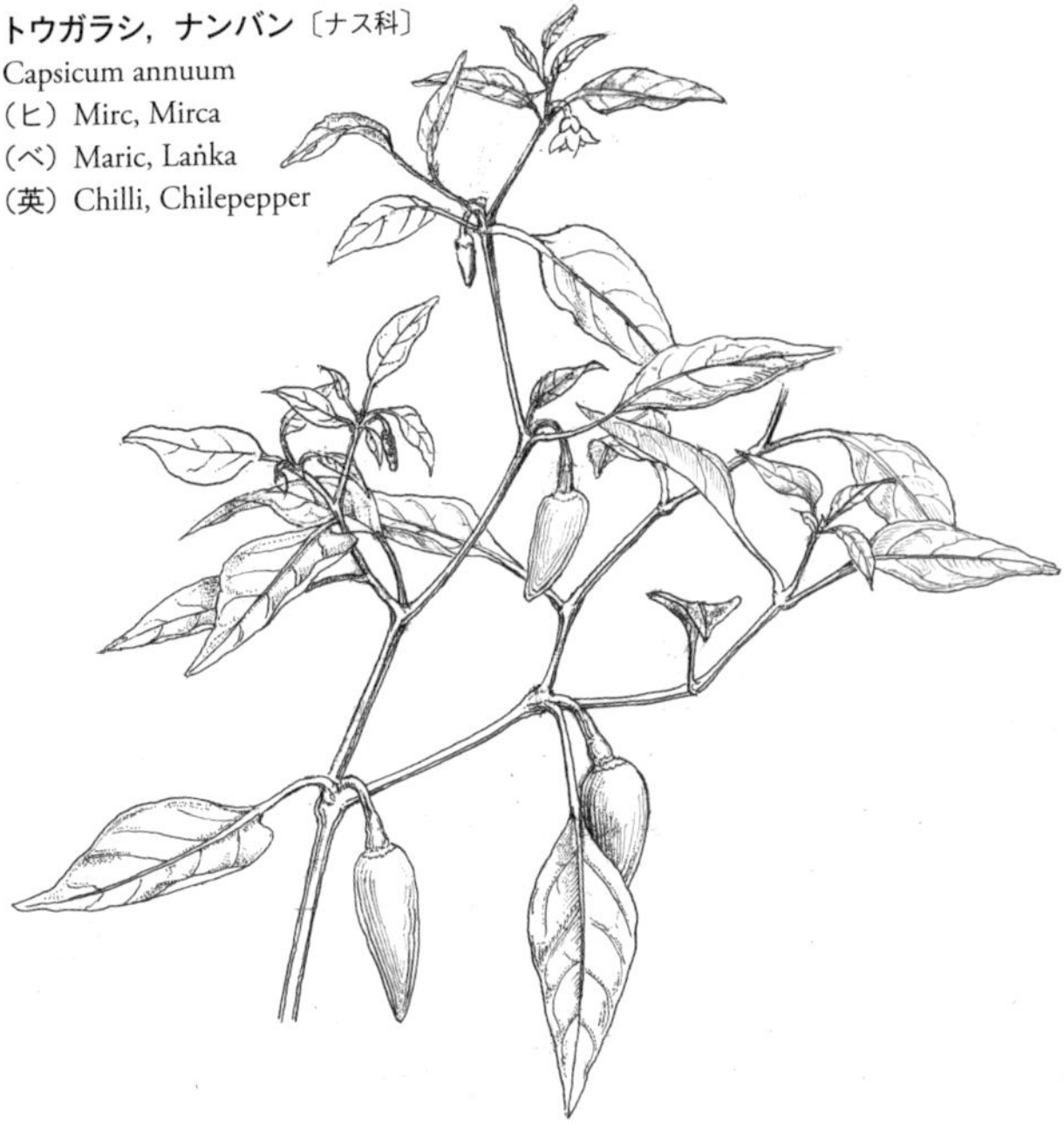

▶高さ 0.5 ～ 1.5m の多年草（温帯では一年草）で，茎下部は木質化。変異が多い。葉は無毛，卵状披針形で長い葉柄をもつ。径 12 ～ 18㎜の白い合弁花を葉腋に単生または双生。果実は筆先形のものが多く，基部は宿存がくに包まれる。

質実剛健を尊ぶ

トウジンビエ

ラージャスターン州中部のジョードプルからそう遠くない所にある、ビシュノーイーの人びとが住むというダンウラーという村に行った。村に着くと、白いターバンをぐるぐる巻きにしたおおぜいの人が、一軒の農家の庭先に集まっていた。友人は、突っ立って景色をながめている私を引っ張っていき、天幕の下の人込みの間に座らせた。その家の長老の葬式なのだという。近隣の村の出である友人としては、そのまま通り過ぎるわけにはいかない。いっとき座り、お悔やみをいい、そしてバージラー（トウジンビエ）のローティーを食べ、茶を飲む。それが慣わしなのだ。

出されたバージラーのローティーは、大きな真鍮の皿の中央で、海のように注がれたギー（バターオイル）をたっぷり吸い込んで重そうに横たわっていた。それに砂糖をかけて食べるのである。それぞれの歴史を刻み込んだ深いしわのある顔が、興味深そうに、そしてやさしそうに、私の手もとをのぞき込んでいる。私は、堅くて大きなローティーを残すわけにはいかなくなった。そのあらびきのトウジンビエのパンとギーのおかげで、その日はも

トウジンビエ〔イネ科〕
Pennisetum glaucum
（ヒ）Bājrā, Bajṛī
（ベ）Bājrā
（英）Pearl millet

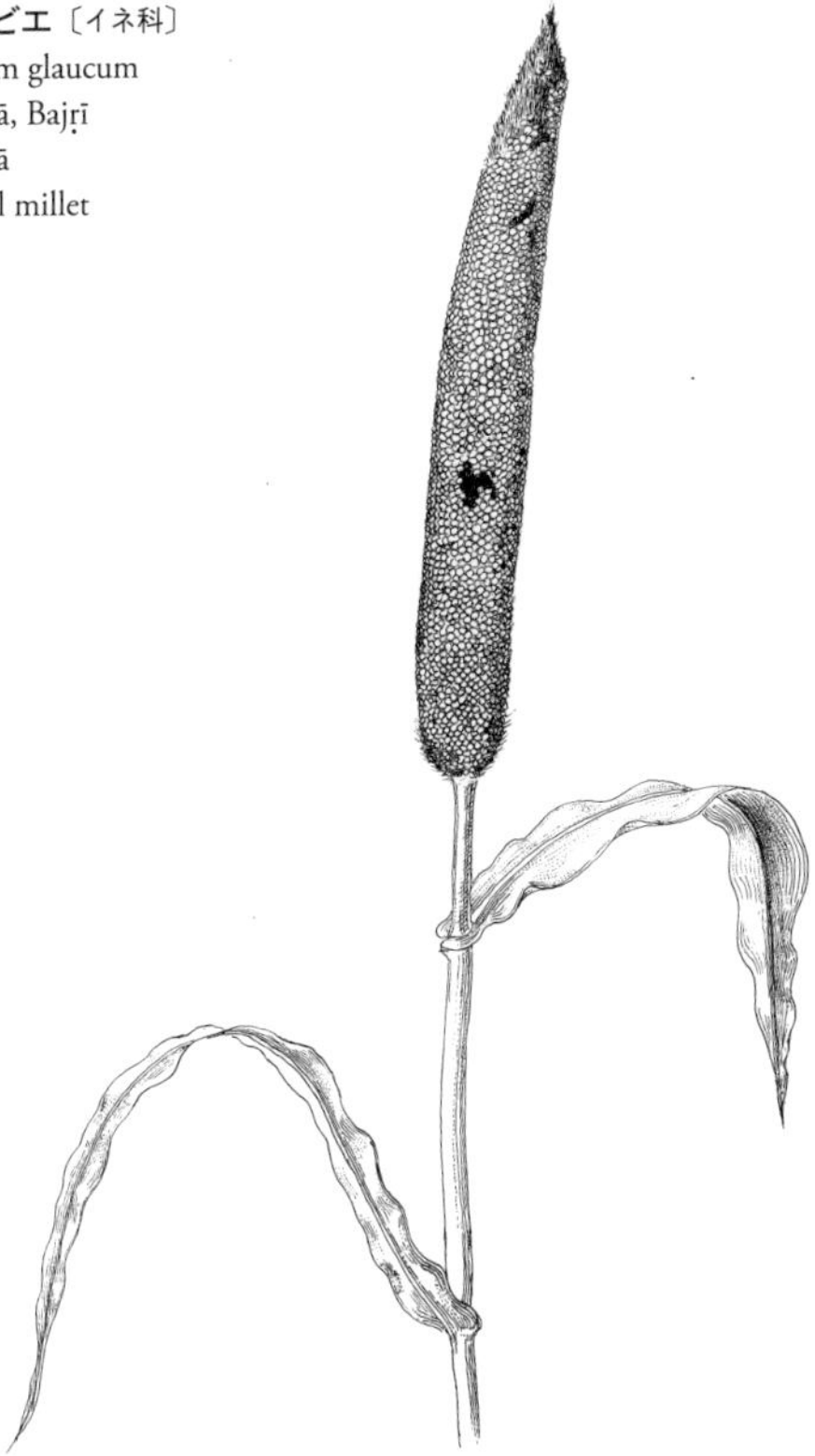

▶高さ 1.2 ～ 2.4m のトウモロコシに似た単稈直立の一年草。葉は長さ約 1m，幅 5㎝。稈の頂に長さ 30㎝，径 3 ㎝くらいの円筒形の穂を出し，基部には葉状苞がある。穎果は小粒倒卵形，灰青色から黄褐色。稈，葉は家畜の飼料とされる。

う何も食べなくてよかった。ビシュノーイー・ソサエティーの人びとにとって、このバージラーのローティーとサッカル（砂糖）、ギーはとくべつ意味のあるものなのだそうだ。

「はじめに」でも述べたが、ビシュノーイーとは、ビシュ（二〇）とノーイ（九）、つまり二九の戒律を守って暮らす人びとで、その教えはジャムボー・ジー（一四五一―一五三六）というグル（導師）によって始められた。ジャーティー（出自階級）の上下を認めず、すべての人に神が宿るとし、偶像崇拝を排した。その戒律には日常的な生活を律するもののほかに、家畜や動物を大切にすること、生きた木を切らないことなど、不殺生の思想が色濃く打ち出されている。動物の世話はすなわち神の世話と考え、野生の動物や鳥にえさを与えるので、鹿やニルガイ（ウシ科の大型動物）が森から現れては毎日村人の手からえさを食べていくというビシュノーイーの村がある。また、城の建築のためにジョードプルの王アジート・シンハが木を切らせようとしたとき、それを阻止しようと木の幹に抱きついて多くの人が命を落としたというビシュノーイーの村もある［詳しくは拙著『インドどうぶつ物語』（平凡社）を参照のこと］。

私たちは、彼が生まれた村へと歩いていった。雨期の終わりに予想外にたくさん降った雨が、砂漠がちの土地を緑に変えていた。荒地と見分けのつきにくい畑には、ふぞろいに成長したバージラーが細長い穂を出していた。ちょうど花の時期で、花序からは無数の茶色いしべがちらちらと下がっている。そしてその穂には、栄養に富んだ汁をもとめてたくさんのカメムシの仲間が群がっていた。

バージラーはスーダンの原産で、乾燥に強い。インドには有史以前にはいってきたといわれる穀物だが、その栽培はインドでも西部に限られている。稲作がさかんな東のベンガル地方では目にしないし、その名前を知る人さえ少ない。高さ一・二〜一・八メートルで茎葉はトウモロコシに似ている。成育期間は短く、雨が少なく、高温で日差しの強い所に適する。おまけに土質は選ばないというからラージャスターンなどの荒地には最適の作物といえる。砂漠の中でも村のあるような所にはたいていこのバージラーの畑があった。

バージラーは貧しい人たちの穀物だというが、ただ人びとの腹を満たすだけではない。そのばりばりとしたバージラーのローティーの嚙みごこちには、これさえあれば、というありがたさが感じられる。質実剛健を尊ぶ土地の人たちは、みんな、バージラーを食べて、その精神を育んできたように思われた。

空色の小さな花

ニオイクロタネソウ

庭の隅などに、見たことのない草が芽を出して、いつのまにかつぼみまでつけていたりすることがある。それに気がついたときのちょっとした驚きと期待は、わざわざ植えたのでは得られない。見なれた庭の一角が、いつもと違う未知の世界に見えてくる。小さな草でも、それが一本、そこに生をなしている力は大きい。

春の終わりに、ヤコウボクの鉢の根元に、見たこともない草が芽を出した。ニンジンのような切れ込みのある柔らかい葉をつけたその草は、一五センチメートルくらいに育って、茎の頂につぼみをつけた。そのつぼみはやがて薄い空色の小さな花を開いたが、その花も今までに見たこともないような不思議な形をしていた。まるで、西洋の唐草模様に描かれる花のようなのだ。

それはニオイクロタネソウの花だった。きっとインドから持ち帰った古くなった香辛料をその辺に捨てたのが、鉢の中にはいったのだろう。

ニオイクロタネソウ，ブラッククミン〔キンポウゲ科〕
Nigella sativa
（ヒ）Kalauṃjī, Mugrelā
（ベ）Kālojirā
（英）Black cumin, Black caraway

▶高さ 30 ～ 60㎝の一年草。葉は 2，3 回羽状に細く裂ける。5 枚の花弁のように見えるがく片は薄青色から白黄色。雄しべ多数，子房は 5 心皮，基部融合し成熟するとふくらんで蒴果となり，3 ㎜弱の黒い種子を多数含む。

インドではこのニオイクロタネソウの種子はさまざまなカレー料理に使われ、ヒンディー語でカラウンジー、ベンガル地方ではカロジレ（黒いクミンの意味）と呼ばれていた。ベンガル地方では、ダール（豆スープ）に使われ、野菜カレーには欠かせないパンチポロンと呼ばれる五種混合香料にはこれがはいっている。またナーンに入れる地方もある。

属名の Nigella の語源となる Niger は黒いという意味のラテン語で、やはりこの植物の種子の色からきている。花は美しいのに、名前は種子の黒さに着目してつけられているのは、やはり花よりだんご、口にはいる香料の種子のほうに重きが置かれているのだ。しかし、ニオイクロタネソウの花は、美しいには美しいが、小さくてそう見栄えがするものでもない。もっと大きくカラフルな花をつけるクロタネソウ Nigella damascena が近ごろ花屋の店先に並びだした。

ニオイクロタネソウの原産地は地中海沿岸から西アジア、南アジアだという。ヤコウボクの根元に咲いた空色のニオイクロタネソウの辺りには、西アジアの原野の乾いた風がそよ吹いているような気がした。

こずえを渡る大蛇

バーリイバウヒニア

コルカタの四月は日本の夏よりも暑いが、早朝はまだ少し涼しい。友人と私は、日が昇るとすぐ、フグリー河岸の植物園に行ってみた。早すぎるかと思ったが、門はすでに開いていた。朝のジョギングをする人や、散歩を楽しむお年寄りの姿が木陰の道に見え隠れしている。

塀の外の、ちまたのせせこましさと打って変わって、そこは静かで広々としていた。自然の森にやってきたような気がしたのは、そこが植物園なのに、過度に手入れをされず、半ばほったらかしにされていたからなのかもしれない。少し歩いて行くと、古い育苗室があった。壁面をアサヒカズラやツンベルギアのつるが覆い尽くし、温室の屋根を突き破って伸びたヤシが、大きな葉を広げていた。植物たちが、人間の制御の枠を越えて勝手に生きる姿は、いうことをきかないわんぱく坊主のようでほほ笑ましい。

私たちは、世界一大きなバンヤンジュ（ベンガルボダイジュ）を見ようと、広い植物園の端まで行くことにした。途中、大きなマホガニーのこずえから白い美しい花の塊をつけた巨大なつるが垂れ下がっていた。近づいてみると、それはハカマカズラの仲間のバーリイバウヒニアだった。

ハカマカズラ属の植物の葉は、葉が蝶のはねのように中肋をはさんで左右対称になっている。ハカマカズラの属名は、日本に自生する同属のハカマカズラからきているが、その名の由来はそんな蝶のはねのような葉の形を袴に見立てたことに由来するのだろう。

バーリイバウヒニアの葉はひじょうに大きく、長さが三〇センチメートル近くある。南インドに行ったとき、この葉っぱが食物を盛るのに使われているのを見た。大きくて真ん中の中肋で二つに折り畳まれるようになっているので、食物を包むのにもってこいである。ベンガル地方でこの葉っぱがあまり使われないのは、バーリイバウヒニアがないからなのだろうか、もっぱらサラノキ（サラソウジュ）の葉やバナナの葉がその役目を負っている。

だが、ベンガル地方の森に、バーリイバウヒニアがないわけではない。サラノキがそびえる森の中に、太いバーリイバウヒニアのつるが這い上がっているのをたまに見かける。つるの成長は旺盛で、大きいものでは長さ三〇メートルを超す巨大なものになり、まるで木を這い登った大蛇が、こずえからこずえを渡っているようである。その花を見るのはコ

バーリイバウヒニア〔マメ科〕
Bauhinia vahlii
（ヒ）Mālū,Māhul, Māljhan
（ベ）Cehur latā
（英）Malu creeper, Camel's foot climber
（サ）Mūrvā

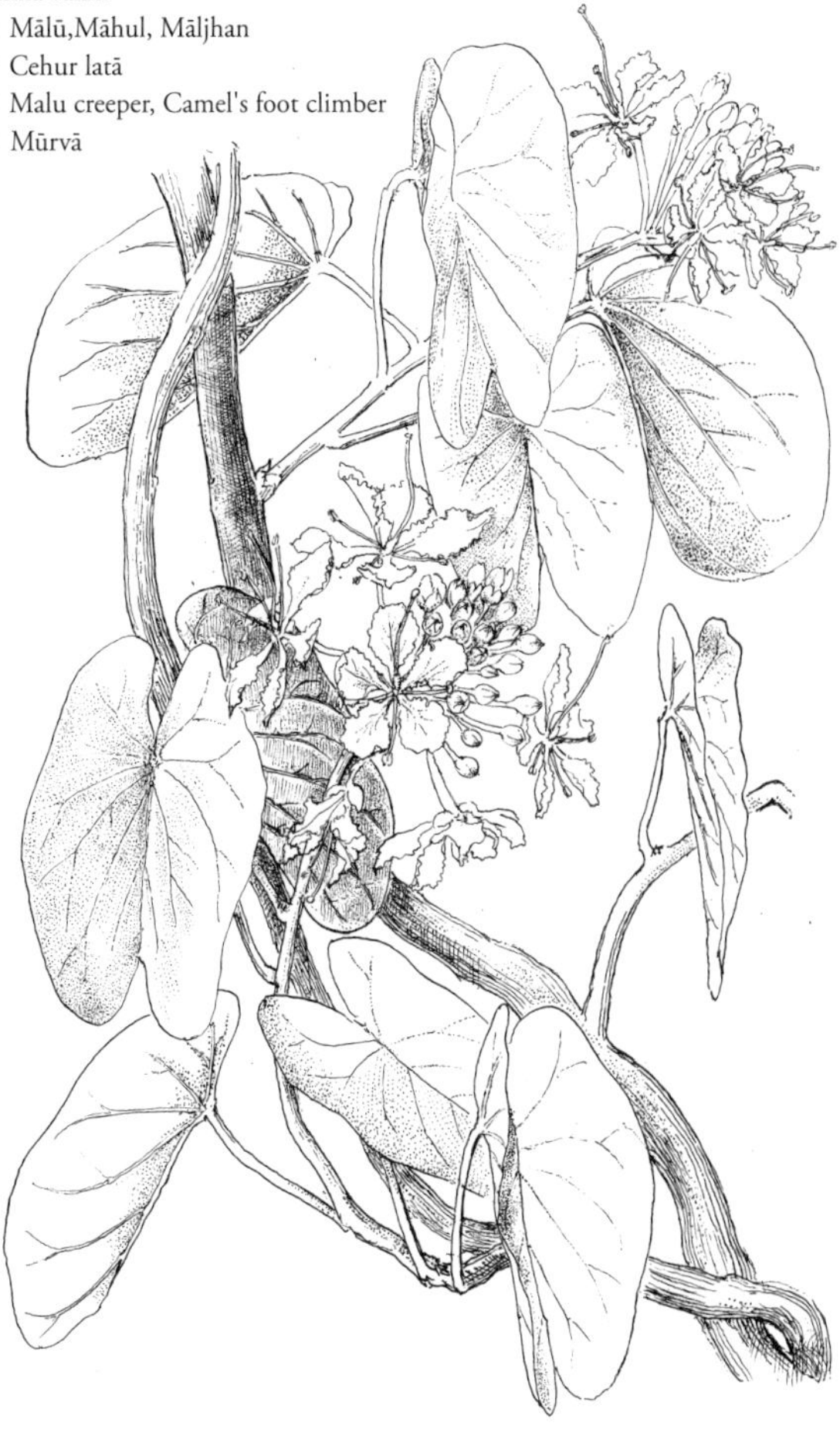

▶長さ 30m にもなる木性つる植物。長い葉柄をもつ葉は，円形心脚，中央先端が深く切れ込み，中肋を軸に左右対称で二枚貝状。葉腋に巻きひげ。花は径 7㎝くらいの淡黄色。さやは長さ 40㎝くらい，扁平で褐色の密毛を吹く。

ルカタの植物園が初めてだったが、丸い房を成して咲く白く大きい花は、可憐な感じさえした。

若いさやや種子を山岳地方に住む人は食用にするという。種子の味はカシューナッツに似ているとか……。同じハカマカズラ属のフイリソシンカのつぼみや若芽も食べられ、ジャールカンド州や西ベンガル州に住むサンタル族の人たちは、カレーの具にする。とてもおいしい野菜カレーになる。

蝶が舞う

ハナシュクシャ

ハナシュクシャは、日本でもにおいのよい花として、よく庭に植えられる。インド、ネパールのヒマーラヤ山地からマレー半島にかけての原産で、日本では冬のあいだは地上部が枯れてしまうが、インドでは常緑。この花はずいぶん古く、江戸時代に日本に渡来している。冬のあいだはショウガのような根を掘り上げて、春に植え付けるが、南関東あたりでは、庭に植えっぱなしで、凍らないようにわらや落葉などを積んでおくだけでだいじょうぶだ。

この花はうちの庭にもある。夏が終わって、涼しくなってきたなと思うころ、この花が咲きだす。勢力旺盛で、ばさばさと一・五メートルくらいまで茎が伸び、広い場所をとるので、花の咲かないうちはなんだかじゃまくさい感じもする。だが、夕闇にぽっと白い花を浮かぶように咲かせ、なんともいえないよいにおいを漂わせだすと、急に見直して、「たいせつにしよう！」と、支えの棒などを立てはじめるのである。

茎の頂部の苞から、数輪の白い花を出す。蝶が舞うような優雅な姿をしており、その形からもにおいのよさが感じられる。そのにおいはインドでよく嗅いだにおいで、それを嗅ぐと、私は初めてシャンティニケトンに行ったころのことを思い出す。ベンガル語の先生の家の庭に、ハナシュクシャが咲いていた。先生のお嬢さんは、夕方お出かけのときに、よくそのハナシュクシャの花を数輪摘んで、髪に挿していた。香水をつけるのではなく、においのよい生の花を髪に挿すとは、なんと粋なのだろうと思った。

ベンガル地方ではにおいのよい花の多くに、何々チャンパ（チャンパはキンコウボクのこと）という名がつけられるように、ハナシュクシャもその例にもれず、ドロン・チャンパというベンガル語名がつけられていることを、先生から聞いた。ドロンとは「揺れる」という意味である。花の感じがよく表われた、よい名前である。

ハナシュクシャは、インドでは八月末の雨期の終わりから晩秋の十一月ごろまで咲いている。

ハナシュクシャ〔ショウガ科〕
Hedychium coronarium
（ベ）Dolancā̃pā
（マラーティー）Sonṭakkā
（英）Butterfly ginger lily, White ginger lily

▶熱帯では常緑の多年草。偽茎の高さ 1 ～ 2 m。葉は長さ 30 ～ 60㎝，幅約10㎝。緑色の大きな苞が重なる花序を頂生。苞から出る白い花は，長い筒部と広線形の 3 花被片をもつが，より目立つのは唇弁状に変化した仮雄ずいである。

「骨接ぎ」

ハルジョラ

タクシーの運転手をしている友人の従兄が、ある日ひょっこりやってきた。あごに包帯を巻き、足にギプスをはめ、松葉杖を突いている。どうしたのか聞くと、気のいい彼は、てれくさそうに笑っていった。運の悪いことに、歩いているときにいきなりバイクにぶつかられたのだそうだ。彼は、酒気帯び運転をしていたバイクの男を殴り終えると気絶し、その場に倒れてしまったという。あごが割れ、右足骨折という大けがをしていた。石膏ギプスには蒸れないように窓が開けられていたが、そこからのぞいている骨が突き出たという傷口は、まだ完全には乾いていなかった。

それから幾月かして彼はまたやってきた。今度は、ギプスではなく竹の添え木が当てられて包帯で縛ってある。彼の話によると、ギプスを外してみると、右足は折れた所からまたぶらんと垂れ下がってしまったのだという。レントゲン設備のある大きなホスピタルで治療を受けたのに、その結果がそれである。のんき者の彼もさすがに青くなって、今度は、金のかかるその病院へは行かず、なかばやけになって、村人たちのあいだで知れわたって

ハルジョラ〔ブドウ科〕
Cissus quadrangularis
（ヒ）Harjoṛ
（ベ）Hāṛjoṛa, Hāṛbhāṅgālatā
（サ）Asthi-saṃhāra

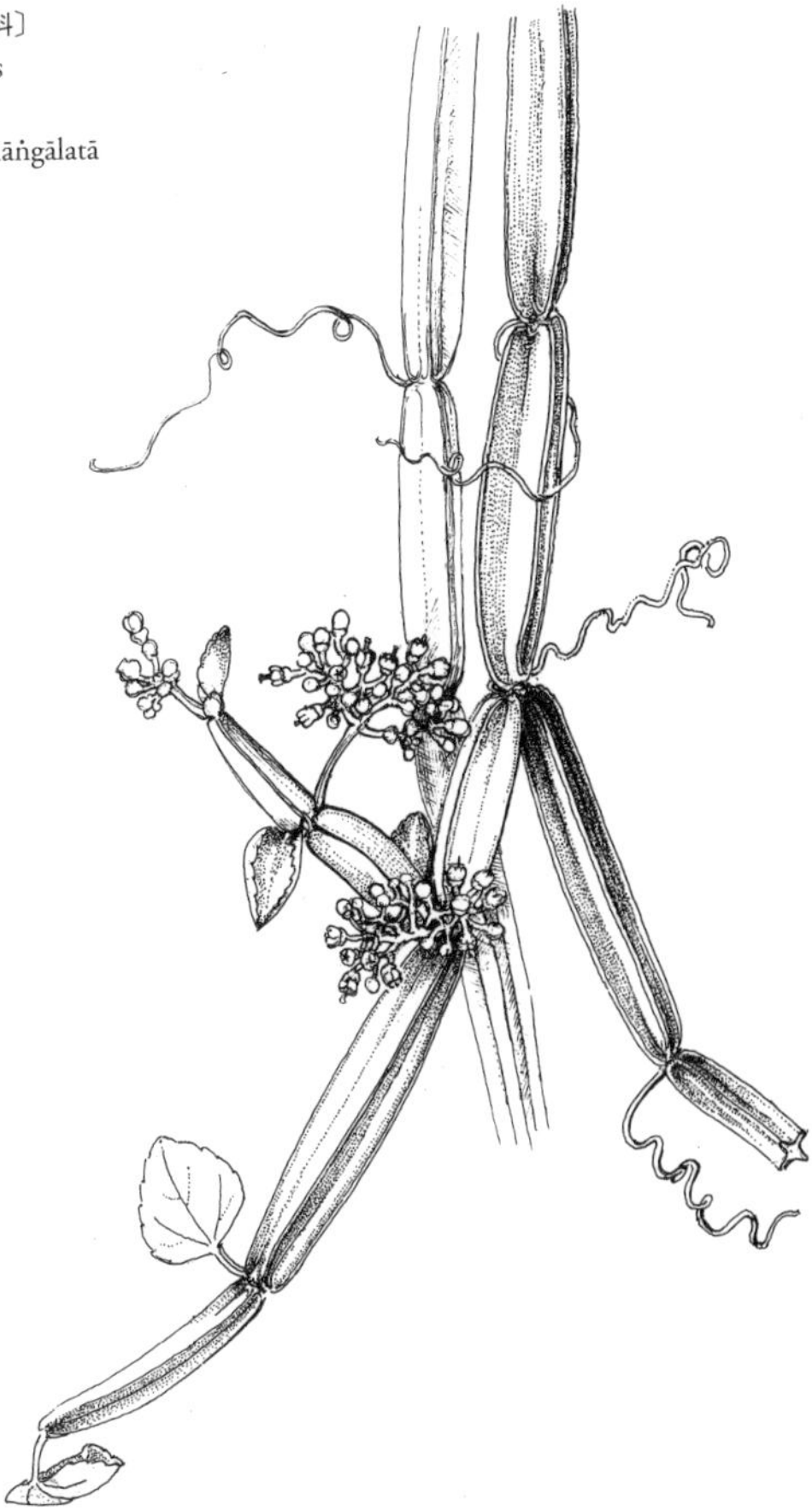

▶ソマリアからタンザニア，マダガスカル，インド原産のつる性常緑草本。茎は径２㎝（５㎝も）で４稜あり，各節はくびれ，そこから三角形から卵形の厚みのある葉と巻きひげを出す。果実は液果で赤色に熟す。園芸名は翡翠閣（ひすいかく）。

いた骨接ぎに行った。老年の村の接骨医は、助手に彼の足を力いっぱい引っ張らせたまま、皮膚の外から注意深く骨をまさぐり、正しい位置に骨をセットすると竹の添え木を当て、すりつぶした薬草をつけて包帯で縛ったのだという。

私は、そんなやり方でいいのだろうかと思った。だが、さすがに何千人もの骨をまさぐってきた接骨医である。竹の添え木を外したとき、彼の足はみごとに治っていたのである。

インドには、ベンガル語でハルジョラという骨折によいといわれるつる植物がある。ハルは「骨」、ジョラは「つなげる」という意味で、文字どおり「骨接ぎ」という名前。リュウキュウヤブカラシ属に属するこの植物の茎は、多肉質で緑色をしており、断面が四角または三角で、節から小さな葉が出ている。一見ユーフォルビアやサボテンの仲間のように見える。この植物は、インドでは骨折の薬として昔から知られていて、その茎の汁で調整したギーを飲んだり、軟膏にして骨折した箇所につけたりする。また、サダラ（アルジュン）の樹皮の粉末でつくった軟膏も骨折によい。

彼の足を治した村の接骨医は、どんな薬草を使ったのだろう。薬草の名は秘密で明かされてはいないが、きっとハルジョラも使われていたに違いない。

このハルジョラはガンガー河口のシュンドルボン（スンダルバンス）に多い。昔、コルカタの中心にあるマイダーン広場のフェンスにハルジョラが生い茂っていたが、今もあるのだろうか。

根で枝に縛りつく

バンダ・テッセラタ

ラン科の植物には、不思議な魅力をもっているものが多い。その魅力のとりこになっている人間も少なくない。私もその一人だ。水気の多い、蠟のような透明感のある花弁、それが複雑な色形をし、また独特なにおいまで放ったりして、それぞれに、交配の仲介者である昆虫などをひきつけようと精いっぱい努力している。そんな罠に、私たちもひっかかっているのだろうか。

インドに行ってまもないころ、くろぐろと葉を茂らせたマンゴーやタマリンドの大木に出会うたびに、「こういう木にデンドロビウムやバンダなどの着生蘭がくっついていないものだろうか」と思って見上げたものだ。そうしているうちに、学生寮で同室だった友人の家を訪ねたとき、彼の実家のマンゴーの老木に、ほんとうに私が思い描いていたようなかっこうで、蘭がついているのを見つけた。気根を枝から垂らし、地味な色の花を葉陰に見え隠れするように咲かせている。私は、なんとかしてそれを間近に見たいと思って木に

バンダ・テッセラタ〔ラン科〕
Vanda tessellata, V. roxburughii
（ヒ）Rāsnā, Bandhā
（ベ）Rāsnā, Rasanā
（英）Mango orchid

▶インド，ミャンマー，スリランカに自生。マンゴー樹によく着生する。高さ 30 ～ 60㎝で長さ 15 ～ 20㎝の帯状葉を交互に密につけ，葉腋から出る長さ 25㎝くらいの花茎に黄緑地に褐紋，裏と縁が白の 4.5㎝くらいの花を 5 ～ 10 個つける。

登ろうとしていたが、運のよいことに、根元にその蘭を着けた朽ちた枝が落ちていた。その蘭はそこでも花を咲かせていた。水気のある青緑がかった白い花弁には金茶の斑紋がある。中央の花弁はほのかな紫色をしている。地味だが品のあるなかなか美しい花だ。友人にその蘭の名を聞くと、「バンダ」という答えが返ってきた。根で枝に縛りつくからバンダ（縛るという意味）というのだそうだ。いわれてみれば、根が枝を縛るようによく絡みついている。その着生蘭の学名は Vanda tessellata であったが、Vanda という属名はひょっとしたら「縛る」という意味のベンガル語名と関係があるのではないかと思った。

帰ってから調べてみると、やはりそれはベンガル語の bãdhā の語源であるサンスクリット語の bandha（結ぶこと）に由来しているとのことだった。それからは、あちこちの老木にこのバンダが着いているのが目に留まるようになった。しかし不思議なことに、この蘭が着いているのは多くがマンゴーの老木なのである。英名のマンゴー・オーキッドはこの蘭のそんな生態をよく表しているようだ。インドの薬草の本には、このバンダのベンガル語名はラスナとあった。葉の汁を中耳炎の薬として使う所もあるらしい。

ベンガル地方では、このバンダのほかにはアメリカネムノキ Samanea vsaman の巨木のまたなどに根を下ろしたシンビディウム Cymbidium aloifolium, var. simulans が黄色に海老茶の筋がはいる花の房を下げているのを見かける。ダージリンに近い、標高が高くときどき霧がかかるような森では、白い優雅な花を咲かせるセロジネ属の蘭が、木の枝に着いているのを見た。また、デンドロビウムの原種、ノビレやピエラルディーもある。

赤い雄しべ

ヒジョル

タゴールが創設した学園で学生生活を送るようになってすぐに、私はこの花を知った。まだ夜の涼しさの残る朝、人の足跡がおされる前の砂土に、カンムリヅルの冠のような赤いしべの束が、そろって上を向いてところせましと落ちていた。その小さなしべたちは、目をこすりながら授業に急ぐ私に、急げ、急げと声援を送っているように思えた。だが、それらのしべの束は、授業を終えて帰るころにはインドの強烈な陽射しにさらされて、すっかり姿を消してしまっていたのである。

その花は、ベンガル語でヒジョルと呼ばれていた。ヒジョルの花は夜になると咲き、日が昇るころには、葉陰の数輪を除いてほとんど散ってしまうのである。だから、寝坊助の私の目に留まったのが、砂の上にこぼれた花だったのはもっとものことだったのだ。

ヒジョルは広く南アジアからオーストラリア、西はアフガニスタンから東はフィリピンにかけて、湿地や池のほとりなどに多く見られる。高さ五〜八メートル、大きいものでは

ヒジョル〔サガリバナ科〕
Barringtonia acutangula
（ヒ）Hijul, Hijagal,
Samndraphal
（ベ）Hijal, Hijjal
（サ）Abdhiphala, Nadīja

▶湿地を好む高さ 7.5 ～ 15m の常緑高木。葉は長さ 6.5 ～ 15㎝の倒卵形から楕円形で無毛，縁にわずかに鋸歯または鈍鋸歯がある。枝先や葉腋から長さ 40㎝くらいのひも状の総状花序を下垂し，赤い無数の花糸が目立つ径約 1 ㎝の花を連ねる。

一五メートルにもなる常緑高木で、倒卵形の濃い緑色の葉を枝先にむらがりつける。葉先は鈍頭またはややとがり、縁には小さな鋸歯があり、波打つ場合が多い。樹皮は灰色で分厚い。葉のうねる感じや樹皮の分厚い感じがオークを思わせるので、インドの人は、このヒジョルを英語でインディアン・オークと呼んでいる。洪水による長期の冠水や旱魃にも耐えるじょうぶな木なので、バングラデシュのデルタ地帯の村では、川筋の護岸や路肩の保護のためによくこの木が植えられている。

沖縄や石垣島、奄美群島などに生えるサガリバナと同属で、サガリバナのように、無数の赤い雄しべを放射状に突き出した小花を、長く垂れ下がる花序に連ねて咲かせる。小さな五枚の花弁は、咲き始めは白っぽく、だんだんと赤みをます。しかし、花弁よりも、そこから長く突き出た赤い雄しべのほうがより目立つ。水辺に生えたヒジョルが水上へと枝を伸ばし、その葉陰から、赤い糸束の首飾りのような花序をつるつると下げている様は、なんともいえず美しい。おまけにその花は、ワインのような甘い香りを辺りに放っているのだ。酒好きなバングラデシュの国民的詩人ノズルル・イスラムが、朝、湿った泥土の道に落ちたヒジョルの花序を手にし、その甘い酒のようなにおいにもどかしい思いをしたことを詠っているが、そのにおいをかげばうなずける。花の時期は暑くなりだす三月ごろからが見ごろである。

果実は長さ二五〜三七ミリメートル、幅は中央で一九ミリメートルくらい。ショウズク（カルダモン）のような形をしている。中には種子が一個ある。ベンガルの子どもたちは、この未熟の青い果実を豆鉄砲の弾として詰めて遊ぶ。種子はたんがからんで胸や気管がぜいぜいするとき、ビャクダンのように水ですりおろして患部に塗ると痛みが引くという。また腹痛にもこれを塗布する。そのほか、種子は収斂剤、鼻カタルの治療にも使われるという。

ヒジョルの根は、池の魚を獲るときに魚をまひさせるために使われ、樹皮も多量に用いて同じ用途に使う。

のびやかな生命感

ヒマ

町を出て、ちょっと農村の方に足を運ぶと、家のわきや土手などに、よくこのヒマが生えているのを見る。たいてい、ごみ捨て場のような栄養分の多い所に生えていて、草のくせに、身の丈四メートルを超す大木のように育っている。ずくずくと伸びた太い茎は、新しい所は水気があって赤みを帯びている。広がったばかりの葉っぱも赤みがあり、みずみずしい。きれいというのではないけれど、一つひとつの細胞の張りが全体にみなぎったような勢いがあって、ヒマを見ると、こちらまで元気づくような気がする。

枝分かれは少ない。枝の先に柔らかいとげのある果実をつけ、中には黒地に白い斑紋のある大粒の種子が三個はいっている。この種子の油を搾ったのが下剤として有名なヒマシ油。

子どものころ「ちびっ子ギャング」という人気のテレビ番組があって、ちびっ子たちが悪さをした後、きまっておしおきに飲まされるのがヒマシ油だった。そのころから、ヒマシ油とはいったい何の油なのだろう、と疑問に思っていたが、インドへ来て初めてその正

ヒマ，トウゴマ〔トウダイグサ科〕

Ricinus communis
（ヒ）Araṃḍī
（ベ）Bhereṇḍā, Reṛi
（サ）Eraṇḍa
（英）Castor bean

▶ときに 10m 以上になる大型草本。茎は太く中空。長い葉柄をもち，葉身径 20 ～ 30㎝，掌状に切れ込み，鋸歯がある。枝先に長さ 45cm くらいの円錐花序を出し，下部に雄花，上部に雌花をつける。蒴果は楕円形で柔刺があり，褐色斑のある種子 3 個を含む。

体を見て、ははあこれだったのかと思った。飲まされるときに鼻をつまんでいたから、よっぽど苦くていやなにおいがするのだろう。この種子はリシンやリシニンと呼ばれる猛毒のアルカロイドを含んでいるが、毒分は搾った油には移行せず、粕に残る。また、そのままでは食べられないが、よく炒れば、アルカロイドが分解して食べられるようになるらしい（やってはいけない）。

ヒマはアフリカのエチオピアあたりが原産だという。ヒマシ油は古くから下剤として利用され、エジプトの紀元前四〇〇〇年ころの遺跡からこの種子が見つかっているという。インドでも古くからエーランダのサンスクリット名で知られ、昔から悪臭を放つ毒草として知られている。もちろん薬用としても使われていた。

日本では九七三年ごろの『倭名類聚抄』にカラカシワの名で記載されているが、たぶんこのころに中国を経て日本にはいったのだろう。生け花ではミズマという葉と茎が赤い品種が使われる。三浦半島の秋谷の海にのぞむ丘に、この赤いヒマの畑があった。ふつうのヒマよりだいぶ華やかで上品だが、それでもあののびやかな生命感は同じだった。

遠くまでにおう物

ヒロハクチナシ

サラノキやサダラ（アルジュン）の葉を食べて育つインドの山繭タッサーシルク、その布を織るタンティパラという村を訪ねた帰りに、春の盛りのチョンドロプルの森をとおった。

にわかに強さを増した春の陽光が、サラノキやインドボダイジュの根本まで差し込んで、樹下は明るい光に満ちあふれ、日だまりというにはちょっと暑すぎる草むらの中で、エビネの類の地生蘭が細い花茎を伸ばして濃い黄色の花をつけていた。木々の高い所では、新葉の照り返しが、緑の光を四方にまき散らしている。そんな森の道を、バイクの後ろに乗って、辺りを眺めながら行くのは楽しい。

遠くに、つややかなえんじ色の新葉をパタパタと風にはためかせている大きな木が見える。「変った色の木だね。何の木だろう」とハンドルをにぎる友人に問いかけたが、返事を待つまでもなく木に近づき、それはインドボダイジュだということがわかった。ふだんは目に留めることもない無数のインドボダイジュの中の一本が、あらゆる生命が躍動するこの季節に、ほかのインドボダイジュとはちょっと違う個性の色合いを見せている。

行く手にクリーム色や黄金色に輝く大きな花をたくさんつけた高さ八メートルほどの木があった。たびたびとおる道なのに、このような美しい花を咲かせる木があったことに気づかなかった。バイクを降りて木の下に歩み寄ると、地面に乾いて濃い黄色になった花が落ちている。見上げると、どの枝先も数枚のつやのある新葉をくり広げ、白やクリーム色、黄色の花を咲かせていた。どうやら、咲き始めは白く、それからクリーム色、濃い黄色へなって落花するようだ。

花冠は、がくから筒状に長く突き出て、先で十片前後に分かれ丁字形に開いている。裂片はみな一方向によじれている。やや厚みのある花冠や質感はひと重咲きのクチナシに似ているが、ずっと大きい。においも、クチナシに似たとてもよい香りがする。

後で調べたところ、それはやはりクチナシ属の木で、ベンガル語ではジョジョンゴンダと呼ばれる木であることが分かった。ジョジョンは距離の単位で八マイルあまり、二七キロメートル以上である。ゴンダはにおう物という意味である。それにしても、クチナシ属の木にこんなに大きな物があることに驚いた。和名としてヒロハクチナシという名があてられている［『仏教植物辞典』　和久博隆編著　国書刊行会］。

ヒロハクチナシ〔アカネ科〕
Gardenia latifolia
（ヒ）Pāpḍā
（ベ）Yojangandhā
（英）Indian boxwood, Seylon boxwood

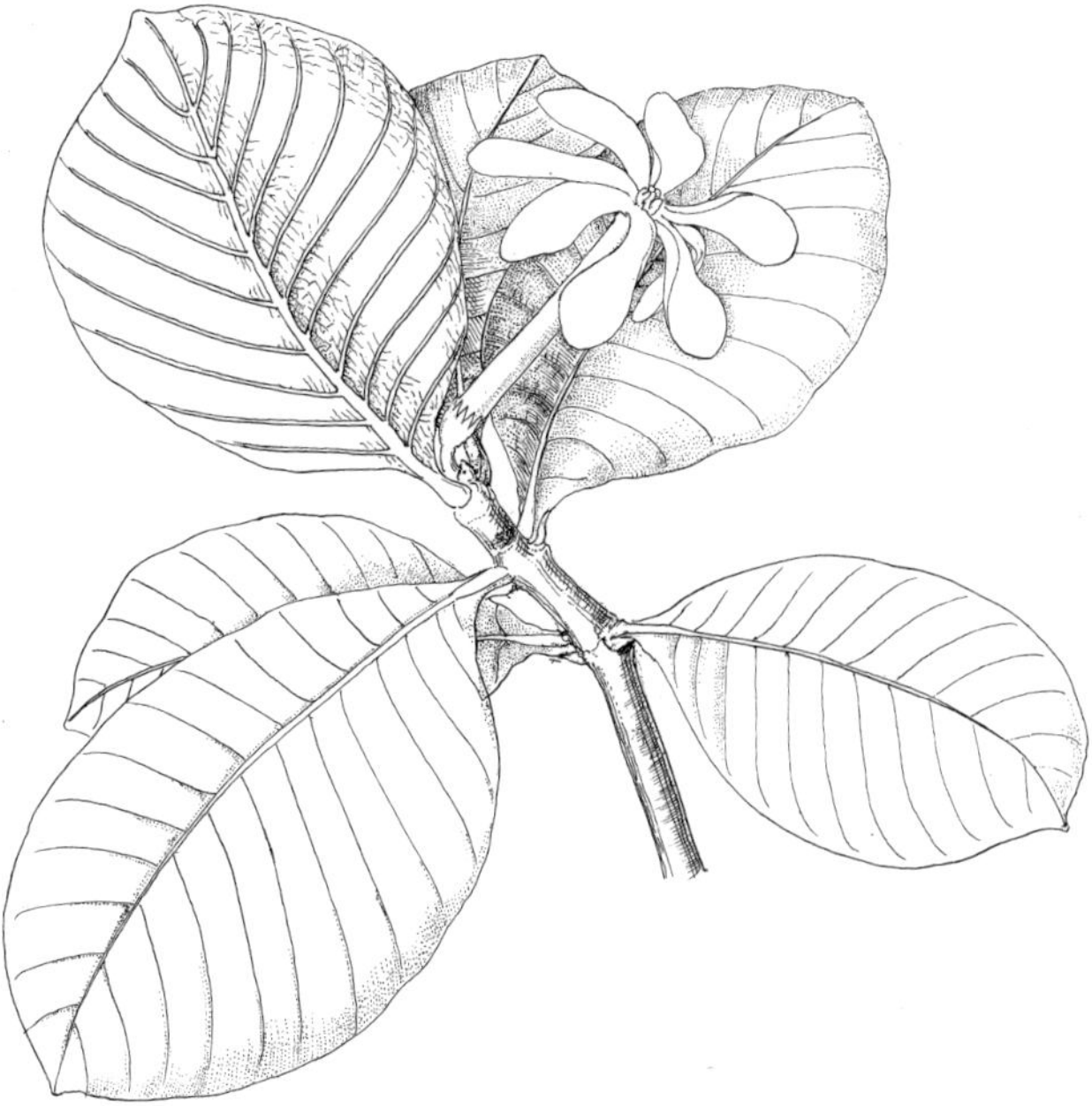

▶ 8m になる落葉高木。樹皮灰緑色，雲斑状に剥落。葉は長さ 22㎝くらい，倒卵形から楕円形で幅広，対生または 3 個輪生。葉柄短。花は白，後黄変。高盆形で筒部長さ約 5 ㎝，舷部は 5 ～ 9 枚に分かれて平開。香りよい。液果 5 ㎝，頂部に残存がくがある。

私たちは木を見上げながら、ジョジョンゴンダの木が庭にあったらどんなによいだろうと思った。思い続けていると、小さな願いはたいがいかなうもので、ある日、サラソウジュの森の近くに住む友人が、二本の小さな苗を持って来てくれた。

あれから六年ほどたった今、その苗木は二階の屋根を超すほど大きくなって、春にはよいにおいの花をたくさん咲かせ、私たちを喜ばせてくれる。花後には、鶏卵形の小さなグアバのような実を結ぶ。イチジク属のインドボダイジュやベンガルボダイジュなどのように、この木の種子もよく他の樹上で発芽し、のちに宿主となった木を根で締め上げて枯死させることがある。

モノサ霊験記

ヒンタル

インドの西ベンガル州には、絵巻物をたずさえ、歌い語りをしながら村から村を門付けして歩くポトゥア（語り絵師）という人たちがいる。その出し物のなかに、蛇の女神モノサの霊験記がある。絵巻物の冒頭の画面には、女神モノサ、そしてモノサを忌み嫌い敵対する豪商チャンドがこん棒を手にしている図が描かれ、こういうせりふから始まる。

「いまわしいモノサめ、今に見ていろ。ヒンタルのこん棒の一撃をくらわしてやる。」

インド亜大陸の中でもとくに毒蛇の被害の多いベンガル地方では、女神モノサの信仰は強く、毎月のように祭があり、このモノサ霊験記の話はだれもが知っている。とりわけ村々で人気が高く、ポトゥアの出し物のなかでもとくにひんぱんに歌い語られる。そのあら筋はつぎのようなものである。

女神モノサをないがしろにし、決して祭礼をしようとしないチャンドは、女神の怒りをかい、六人の息子を女神のコブラによってつぎつぎと亡くしてしまう。その後、七人目の息子ロッキンドルが生まれる。だがその息子も、結婚式の夜、花嫁ベフラとともに堅固な鉄の部屋にかくまわれていたにもかかわらず、女神が送った蛇によって命を落としてしまうのである。

蛇に咬まれて死んだ遺体は、寿命を全うしない他の不慮の死の遺体と同様に荼毘《だび》に伏されることはなく、ガンガー（ガンジス河）に流すのがふつうで、バナナの幹を組んだいかだに乗せて流していたようである。チャンドの息子たちもこうしてみなガンガーに流されたのだが、新妻ベフラは、父母、舅姑、兄嫁たちみなが止めるのも聞かず、夫の亡骸とともにバナナのいかだに乗ってガンガーを流れ下っていく。

流れ流れて行くうちに夫の亡骸もしだいに朽ちていくが、いかだはある日、天国から神々の衣を洗いに降りてきた洗濯女の岸辺に流れ着く。ベフラは、そこで神々の衣を洗うのを手伝い、太陽のようにまぶしく衣を洗い上げ、天界の神々をおおいに満足させる。ほうびに望みを叶えてもらうことになったベフラは、居並ぶ神々のなかにいたモノサの前に進み出て、舅チャンドにモノサの祭礼をさせることを誓い、夫ロッキンドルと六人の義兄を生き返らせてもらう。そしてみんなを連れて帰ってくる――という話なのである。

ほとんどのモノサ霊験記の絵巻物に、チャンド商人はヒンタルのこん棒を手にした姿で

ヒンタル，ウラジロナツメヤシ〔ヤシ科〕
Phoenix paludosa
（ヒ）Himtāl
（ベ）Hintāl, Hetāl, Hentāl
（サ）Hintāla
（英）Manglove date palm

▶インドからベトナム南部原産。幹の高さ9m，径9～12㎝で株立ち。羽状葉は長さ2～3m。小葉長さ30～60㎝，幅2㎝で，表面は明るい緑色，裏面は白い蠟質か，粉を吹く。果実は長さ13㎜くらいで黄色から赤く熟す。

描かれ、ヒンタルのこん棒はチャンド商人の象徴になっている。ヒンタルとはいったいどんな木なのだろう。ポトゥアに聞くと、それはガンガー河口のマングローブ林に生える木で、ひじょうに堅い幹をしているということだった。

それから数年して、友人とガンガー河口一帯に広がるシュンドルボン（スンダルバンス）に住むポトゥアの家に行く機会があった。カグディープという港町から小さなポンポン船でガンガーの支流フグリー川を下って行った。フグリー川支流の両岸にある小さな船着き場を縫い綴るように進む船旅は、えらく時間がかかってしまったが、あの広い空と水面の間を長いこと漂った感覚は、ベフラ、ロッキンドルがいかだに乗って流れ下っていった情景と重なって、今でも妙に心に残っている。

しばらく下ると、オオバヒルギやコヒルギなどのマングローブ特有の木が姿を見せるようになってきた。塩水の浅瀬には、土地の人がダニー・ガーシュ（稲草の意味）と呼ぶイネ科の草 Porteresia coarctata が水面上に葉を突き出して、川風にみな同じ方向になびいていた。

行く手の岸に、何か白くて四角いものが流れ着いているのが見えた。近づくと、それはバナナの幹を組んだいかだの四隅に棒を突き立て、そこにつった蚊帳だということが分かった。

「蛇に咬まれて死んだんだ……」

同船していた村人たちが、こういって身を乗り出して騒いでいる。蚊帳の中の遺体の枕元には、素焼きの灯明と、辺りを浄化するというシソ科の聖草トゥルスィー（カミメボウキ）の葉が、小山にして供えられていた。枕元の布が風にめくれて黒い頭部がのぞき、それが少年だということが分かった。長年そこを行き来する人もこのような光景は見たことがないという。また、自分の夫も蛇に咬まれ、やはり同じようにして河に流したと語る老女もいた。

このようにして河に流すことによって、波打つ水と川風で毒のほてりが引き、ごくまれに蘇生することもあると信じられている。蚊帳の中には、わが子を失った親の悲しみと、もしかしたら……、というはかない期待が、トゥルスィーの香気とともに渦巻いているように思われた。それはほんとうにまれな体験だった。そして、二十世紀も終わろうとしている今日でも、モノサ霊験記の世界が脈々と息づいていることに、驚かされた。

私は、長年、ヒンタルはマングローブ帯に育つヒルギの仲間か何かだろうと思っていた。だが、その想像は外れていた。

「あれがヒンタルだよ」と同船の人が指さす方を見ると、そこには高さ五〜七メートルのすらっとした細い幹の美しいヤシ科植物が、数本ずつ株立ちになって群生していた。一見、観葉植物として日本で売られているフェニックス・ロベルニーにも似ている。幹は細めだが、材はひじょうに堅く、じょうぶだという。なるほどチャンドがこん棒にするにはもってこいの木だ。私は長年の疑問が解け、感慨深くヒンタルの木々を眺めた。

ヒンタルにはウラジロナツメヤシの和名が充てられている。ベンガル地方にはこのウラジロナツメヤシのほかにも三種のフェニックス属の植物が見られる。ナツメヤシPhoenix dactylifera、サトウナツメヤシ P. sylvestris、ベンガル語でボンケジュル（和名ヒメナツメヤシモドキ）と呼ばれる P. pusilla である。ウラジロナツメヤシはとくにガンガー河口の塩水湿地帯のマングローブ林に生えるフェニックスである。前記三種のフェニックスと同様ウラジロナツメヤシの果実も食べられる。ウラジロナツメヤシの実は冷やす効果があり、消炎効果があるという。

ちょうほうな野菜

フジマメ

西ベンガル州のシウリという町外れにあるサラノキの平地林に、親しいポトゥア（絵巻物師）のムクンドさんの夫婦が住んでいる。今は髪ももうだいぶ白くなって、足も昔ほどじょうぶではなくなったけれど、私たちが学生だったころは、三〇キロメートル以上も離れたシャンティニケトンの学園まで平気で歩いて来て、私たちを驚かせたこともあった。乗り物にもあまり乗らなければ、絵を描く道具や材料もほとんど買うことはなく、自分で作ってしまう。お金とはあまり縁のない暮らしをしていた。

いちど、筆の作り方と色の作り方を見せてくれたことがあった。筆は雄ヤギのたてがみで作る。色もえんじ赤や黄土色、白は川原から石を拾ってきてすって使う。黒はランプのすす。それらがみんなくっきりと美しく、たがいに調和してなんともいえずいい色をしているのだ。ほかによく使う色に緑色があった。ムクンドさんは庭先に下りて家のわきに植えてあったフジマメの葉っぱを数枚むしりとり、それをカレーの香料をする平らな石の上ですりつぶした。そして緑色の汁をしぼり、それで描いた。植物の汁にしてはきれいな緑色で、思ったより長持ちする。ほかの葉の汁は使わない。

このフジマメはもちろん色の材料として植えているのではなく、さやや種子（豆）を食べるためなのだ。中には五～七粒の種子がはいっている。若いさやは柔らかく、独特な香りがあっておいしい。サヤインゲンのように料理すればよい。フジマメのさやは、ナタマメのさやのように扁平で幅の広いものもあれば、肉の厚いエンドウのさやのような形をしたのもあって、味も形も変化に富んでいる。冬から春にはバザールの八百屋にも多量にお目見えするが、多年生で収穫後につるを切ればまた芽吹いてまたさやを収穫できてちょうほうなので、ちょっとした空き地や庭があれば、どこの家でもよく栽培されている。ほかの木にからまりながら大きくなっているものや、また支柱を立てて屋根へみちびかれて繁茂しているのをよく見る。


日本にも、古くからもたらされ、石川県では加賀野菜の一つとされ、ツルマメと呼ばれている。三重県や岐阜県ではセンゴクマメと呼ばれているが、横から見たさやの形が千石船に似ているからとも、たくさんとれるからともいわれる。

花は赤紫色をしていて、美しい。白い花のものもある。豆は性的興奮剤、鼻血の薬になると、薬草の本には書いてある。根は有毒。インドが原産地らしい。

フジマメ，ツルマメ，センゴクマメ〔マメ科〕

Lablab purpureus, Dolichos lablab

（ヒ）Jalkuṃbhī sem

（ベ）Sim（Deśī sim）

（英）Country bean,
Hyacinth bean,
Bonavist bean

▶熱帯アジア，アフリカ原産の多年生つる植物。三出複葉。葉腋から花穂を出しピンクから白の蝶形花を多数つける。さやは扁平幅広の船形。日本には9世紀以降移入，一年生作物として栽培され，地方により呼び名が異なる。

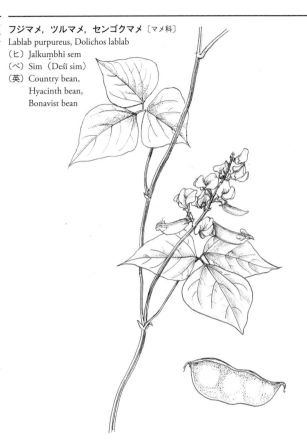

味に病みつき

ヘクソカズラ

一月にベンガルを訪れた。いつも泊めてもらう友人の家では、中庭に面したベランダで、その家のお母さんとお嫁さんがコリアンダーの葉をすりつぶしたり、ユウガオのつるを刻んだりしながら、世間話をしていた。木の下ではニワトリがコッコッと鳴きながら落葉を蹴ちらしては、えさをついばんでいる。私は中庭に竹の椅子を持ち出して、そんな話し声や物音に耳を傾けながら、出された紅茶を飲んでいた。ふと思った。何度も私をインドにやって来させるのは、こうしたふつうの家に漂うなんともいえない家庭的な空気なのだな――と。

そんなとき、訪ねてきた昔の知人が、彼女たちがコリアンダーの葉をすっているのを見ながら、「ドネ（コリアンダー）か。このにおい、好きかい？」と、私に聞いた。

「もちろん。たまらないね。」

こう答えると、その人は、「じゃあ、ガンダリの葉は食べた？　ものすごく臭いんだ。葉をちぎると、まるでオナラみたいなにおいがする。その葉をすりつぶして料理するんだ

ヘクソカズラ〔アカネ科〕

Paederia foetida L., P. scandens（Lour.）Merr.

（ヒ）Gaṃdhaprasāraṇī

（ベ）Gāndhāl,
Gandhabhāduliyā

▶木本性つる植物。葉は対生につき無毛。葉身長さ 5 ～ 12㎝，卵形から広披針形で先はとがり，基部は心形。花は腋生または頂生の円錐花序につき，先が 5 裂した筒状の白い花冠の内側は濃赤紫色。形態的変異が大きい。

けれど、すりつぶすときはたまらない。だけど、料理したらものすごくおいしいんだ。また、からだにもいい」。

私は彼の話を聞いて、へえ、そんな植物があるのか……と思った。聞くと、つる性の植物で、そこらの生け垣ややぶによくからんでいるという。私は、その植物はきっとヘクソカズラの仲間ではないか、と思った。

私はさっそく、その家のお母さんに、そのガンダリの葉の料理をしてくれるように頼んだ。お母さんは、あっははと笑っていった。

「ガンダリねぇ、それじゃ孫につるをとってきてもらっておくよ。」

その夕方のことである。庭に出て乾いた洗濯物を取り込んでいると、なんとも人をばかにしたようなにおいがほんわかと漂ってきた。私はいったいなんのにおいだろうと思って見渡すと、ベランダでお嫁さんが「ああ臭い。たまらないわ」といいながら、緑色の葉をすりつぶしていた。近寄ってみると、その葉は日本のものよりずっと大きく、形も楕円形でつやがあり、違ってはいるが、まさにヘクソカズラの仲間だった。

ガンダリの葉はレンズ豆といっしょにすりつぶされ、平たい団子状の揚げ物にされて夕食に出てきた。ほくほくした歯触りで、ちっとも臭くない。レンズ豆のこくのある味とよく調和して、とてもおいしいものだった。このガンダリの葉は精力増強、痔、おでき、便秘などによいという。訪ねてきた知人は痔に悩んでいた。それでよくこのガンダリの葉を食べているのだといっていたが、その味に、彼も病みつきになっているようだった。とくにマグル・マーチ（ナマズの類）のカレー汁に入れたガンダリはなんともいえないといっていた。

食用が主流

ヘチマとトカドヘチマ

インドではよほどひどい風邪をひいたとき以外は、ほとんど毎日昼食前に水を浴びたものだ。友だちの家の井戸は夏には干上がってしまうので、よく近くの川まで水浴びに行った。さんさんと日の降り注ぐ川のほとりで、たわいもない話をしながら体を洗うのは楽しい。その川の水は、ほかと違って珍しく澄んでいて、ほどよく冷たい。友だちが、真新しいへちまをいくつも持ってきていた。インドでも体をこするのにへちまを使うのかと思って見ていたら、私にも一つくれた。新しいへちまは筋張っていて、すこし痛かった。

ベンガル地方でもヘチマはよく庭先の簡単な棚や木の茂みに這わせてあるのを見る。一年を通じてどの時期にも見られないというわけではないが、たいてい春三月から四月に種をまき、夏から雨期、秋にかけて大きな実をぶら下げる。大きくなりすぎたのは完全に熟れるのを待って中の繊維をタワシやあか擦りにする。

ヘチマの原産地はインドで、日本へは中国を経て室町時代にはいってきているという。日本では、沖縄、西南諸島、南九州をのぞいて、ヘチマはおおかたの地方でもっぱらこの

①ヘチマ〔ウリ科〕
Luffa aegyptiaca, L. cylindrica
（ヒ）Ghevṛā
（ベ）Dhundul, Dhũdũl, Purul
（英）Smooth loofah, Sponge gourd

②トカドヘチマ〔ウリ科〕
Luffa acutangula
（ヒ）Toraī, Jhīṃgā
（ベ）Jhiṅgā
（英）Ribbed gourd

①▶インドから東南アジア原産といわれる，巻きひげをもつつる性の一年生草本。葉身長さ 15㎝くらい，掌状に切れ込む。雌雄同株，雄花は長い総状花序につき，雌花は葉腋に単生。果実は長さ 30㎝くらい，若果を食用にする。

②▶ヘチマと同属。果実の長さは 30㎝前後，表面に 10 本の明瞭な稜がある。若果を食用。

繊維をとるために作られるが、インドではむしろ食用に栽培されることのほうが主流だ。若い実を煮てカレーの具にするのだが、甘味があり、柔らかくとろけるようでおいしい。夏の野菜の少ない時期には貴重な野菜になっている。

　茎を切ってへちま水を採り、化粧水などにするようなことは、多くの人に聞いたところ、ないようである。

　もうひとつ同じヘチマの仲間でトカドヘチマというのがある。ヘチマに似ているが、実に一〇本の硬い稜が縦に走っていて角ばっているのでトカドヘチマ。野菜としてはこちらのほうがより一般的で、八百屋の店先に堂々と顔を並べている。実の大きさはヘチマより小型で、つるや葉も小型。硬い稜を削ぎ落としてカレーの具として煮炊きする。やはりトカドヘチマも種子が成熟するころには実の中にヘチマと同じような繊維が網の目のように走る。食用にするのは実の柔らかい未熟のものだけ。ヘチマよりも歯触りがあっておいしい。トカドヘチマには、長さが六～一〇センチメートルくらいのころんと短い実の変種もあり、ときどき市場で見かける。

　ヘチマの花は雌雄異花。夕方、ほっと開く黄色い花はただ美しいというより、とても日常的で健康な感じがする。

花ヘンナ

ホウセンカ

　ホウセンカが咲きだした。インドにしては日差しの柔らかいその裏庭に、一月がくると、毎年決まってホウセンカが咲きだす。ホウセンカは七、八月の雨季にも咲くが、冬のホウセンカは楚々としている。ホウセンカが咲くと、辺りのインドの景色がなんだか懐かしい感じに見えてくる。

　ホウセンカを見るときは、いつもしゃがんで見る。葉の下に、ひょっとするともう実を結んでいるかもしれない、と思うからだ。はじけそうになっているさやを、はじかせずにしておくのは、なんだかもったいない。

　インドのホウセンカは、改良品種された八重咲き種は少なくて、紅色、白、ピンクのひと重のものが多い。苦心して改良した育種家には悪いが、ホウセンカは、やはりひと重のほうが美しい。そして肥料がきいて枝をずくずくと伸ばして育ったものよりも、栄養失調ぎみに育ったもののほうが、清楚さがあっていいように思う。水気をいっぱい含んだ柔らかい茎と葉の緑と、そこにぶら下る食紅のような花弁の色が、涼しげで、なぜかかき氷屋ののれんを思い出させる。花の下部の、舌のような形の花弁は、中央で深く切れ込んで二枚あるように見える。ベンガル語のド・パティという名前は二枚という意味で、そんな花の形からきている。

インドやネパールの女の人たちは、このホウセンカをヘンナの代わりに手のひらや指先を赤く染めるのに使う。葉や茎をつきつぶしてウコンと塩、油少々を混ぜて指先につけたり手に模様を描いたりしてしばらくそのままにしてから洗い流すのだが、染め付けられた赤褐色の模様は数日間は色褪せず、落ちないという。ホウセンカがヒンディー語でグル・メンディ（花ヘンナ、薔薇ヘンナの意味）と呼ばれるのはそんな用途からきているようだ。ホウセンカの生の花の汁だけでは爪は染まらず、洗うと落ちてしまう。日本語の名前にもツマクレナイというのがあるが、どのようにして爪を染めたのだろうか。中国や韓国でも同じ用途に使われたという。

インドでは、利尿効果があるとして薬草としても使われる。

ホウセンカ〔ツリフネソウ科〕
Impatiens balsamina
（ヒ）Gulmehaṃdī
（ベ）Dopāṭi
（英）Garden balsam, Touch-me-not

▶インド，ヒマラヤ山地原産の一年性草本。高さ 30 ～ 70㎝。葉は互生。花は葉腋に単生または 2，3 個束生し，ふつう長い距をもつ。蒴果は楕円形で密毛がある。熟れると激しく開裂して種子を飛ばす。

インドの柿

ボンベイコクタンとベンガルガキ

ボンベイコクタン

タバコをやめてからもう二十年あまりにもなるというのに、いまだにインドに行って村人たちが吸っているビーリーというタバコの煙をかぐと、牧歌的なそのにおいの誘惑に負けて、つい一本せびりたくなってしまう。すると、たいていの人が気をよくして、「ここのビーリーは特別だよ」といって、木の葉で巻いた小さなビーリーを自慢気に勧めてくれる。中には刻みタバコがほんの少しはいっているだけ。だから、そのにおいは、タバコというよりは落ち葉焚きのにおいに近い。

私は、そのビーリーが何の木の葉で巻いてあるのか気になった。カキノキの葉のようでもあるが、ちょっと違うようでもある。だれに聞いてもなかなか答えられる人に出会わなかったが、村に住む友人が、彼の父親が自分でビーリーを巻いているというので、訪ねていった。

友人の父親は、仕事から帰ってくると、いつものようにビーリー作りの道具一式がはいった缶をとりだしてベランダの隅に腰掛けた。缶の中には、葉を決まった形に切るためのブ

①ボンベイコクタン〔カキノキ科〕
Diospyros melanoxylon
（ヒ）Temdu, Abnus
（ベ）Kendu, Kend
（英）Coromandel ebony, East Indian ebony

②ベンガルガキ，インドガキ〔カキノキ科〕
Diospyros malabarica
（ヒ）Gāb
（ベ）Gāb
（サ）Tinduka, Tindu
（英）Indian persimmon, Malabar ebony

①
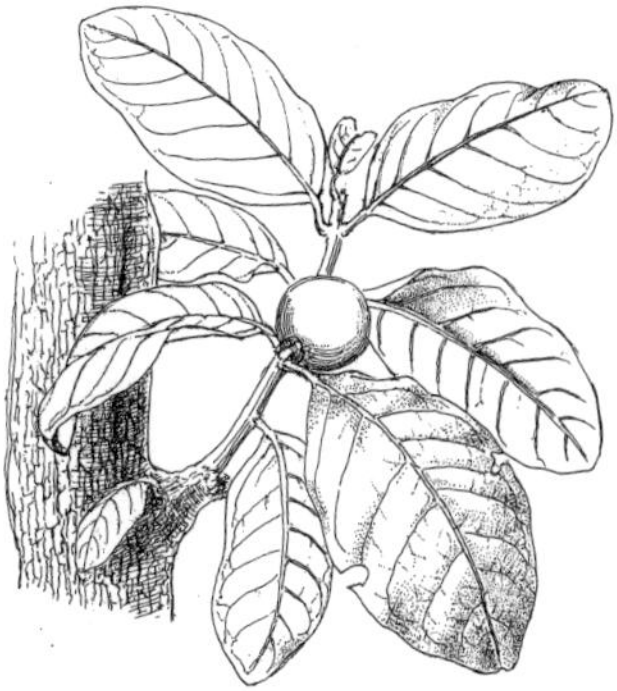

②

①▶常緑高木。樹皮は黒色から灰色で長方形の深いひび割れが入る。葉は長さ 6.3 ～ 15㎝，幅 2.5 ～ 7㎝，楕円形から長楕円形。新葉は両面黄褐色の密綿毛，後表面は無毛となる。果実は径 25 ～ 32㎜。

②▶常緑高木。若い茎葉に褐色の密綿毛があるが，のち脱落。葉表面はつやがある。樹皮は平滑，黒灰褐色で大きく剥離。分枝多く濃い樹冠をなす。葉は長さ 10 ～ 28㎝，幅 2.5 ～ 9㎝の長楕円形。果実は径 38 ～ 70㎜，表面に落ちやすい粉状褐毛を吹く。

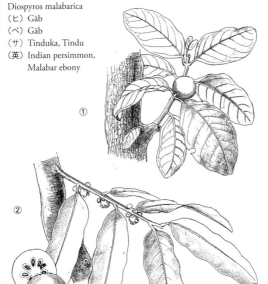

リキの型、糸、葉っぱ、刻みタバコがきちんと収まっている。彼は手ぎわよく葉を切り、刻みタバコを包んでくるりと巻き、糸でしばって余った葉先を内側に押し込んで、あっという間にビーリーを作りあげた。彼が葉っぱを集めにいくというので、いっしょについていった。

彼がケンドゥと呼ぶその木は、赤土が露出した荒れ地にあった。高さはまだ五メートルそこそこの若木だったが、大きいものは高さ二〇メートルを超すようになるという。それでも灰黒褐色の幹にはひび割れのような皮目が目立ち、葉はカキノキの葉に似て、青い球形の柿のような実までつけていた。

それは思ったとおり、カキノキ科カキノキ属の木で、和名をボンベイコクタンという木だった。果実は未熟のものはひじょうに渋いが、黄色く熟れると甘くなり、食べられるという。葉は長さ一五センチメートルくらいの楕円形で、柔らかくて細かい毛が密に生えている。だからみんな、ビーリーを吸う前にビーリーを両手の手のひらで挟んでもむように転がし、吸い口からぷっと息を吹き込んで毛を飛ばしてから吸うようにしている。

ベンガル地方には、もう一種、ベンガル語でガーブと呼ばれる木がある。和名はベンガルガキ、別名インドガキ。このカキノキ属の木は、私たちが染織工房を構えた西ベンガル州のショナルンディという古い城下町には数本植えられていた。今はだれも見向きもしないが、その未熟の果実を集めて柿渋をつくり、漁網をじょうぶにするのに使っていたという。私たちは、その柿渋を、織り上げた山繭の布の染めやつや出しに使っている。

このベンガルガキのサンスクリット名のティンドゥカ（鎮頭果《ちんずか》）は、おいしい果実をつける木として、仏典をとおして日本にも古くから伝えられている。

釈尊の前世の物語集として有名な『ジャータカ』に「鎮頭果の実を得た猿前世物語」という話がある。

猿の群れが、ある村にたわわに実をつけた鎮頭果の木を見つけた。猿の王が「人間はずる賢く危険だからやめなさい」と止めるのも聞かず、夜中に王をも巻き込んでこぞって実を取りに出かけた。ところが、木の上で鎮頭果を食べているうちに村人に見つかってしまい、取り囲まれてしまった。逃げ場を失って困りきっている猿たちに王はいった。

「人間にはほかにもなすべき仕事というものがある。それを作ってやればいいのだよ。いっしょに来れなかった私の甥が、それを作ってくれるだろう。今は夜中だ。人間たちは襲ってこない。だから、おまえたちは安心して鎮頭果を食べていなさい。」
やがて王の甥の猿が遅れてやってきた。甥の猿は、みんなの危機を見て取って機転を利かし、村人の家に火をつけた。村人たちはあわてて火消しの仕事にとりかかり、そのすきにみんな無事逃げることができた。

話のなかでは、ティンドゥカすなわちベンガルガキはおいしいものとされているが、じっさいに食べてみると渋くてあまりおいしいとはいえないものだった。もっと熟れれば渋みがぬけるのだろうか。

ボンベイコクタンもベンガルガキも材は堅く、美しい縞模様がはいるので家具材として好まれ、建築材にも用いられる。

触ると葉を閉じる草

ミズオジギソウ

子どものころに、初めて葉を機敏に動かすオジギソウを見た驚きが、私の脳にはよほど強烈に刻まれているに違いない。花屋の棚に並べられた草花の種を買いすぎて後悔しかけていたところに、またオジギソウの種を発見し、追加してしまった。オジギソウやハエトリソウ（ハエジゴク）などのように、機敏に動く植物を見ると、今でもそのままとおりすぎることができない。

ブラジル原産のオジギソウは熱帯各地に広がり、インドでも、雑草として道端や空き地、鉄道のわきなどいたるところに生えていたので、いちいち足を止めて見ることもなくなったが、オジギソウのほかにもう一種、触ると機敏に葉を閉じて驚かせてくれる草があった。ミズオジギソウである。

ミズオジギソウはオジギソウと同じマメ科の多年草で、葉もオジギソウに似ているのだが、属が異なり、ミモサ属ではなくネプツニア属に属する。この属名はローマの海神ネプツヌスに由来しているといわれるとおり、水辺に好んで生える植物である。その茎は、まるでライフジャケットでもまとったように、空気を含んだ白い海綿状の組織で覆われていて、水面を、浮かびながら伸びていく。

初めてこのミズオジギソウを見たのは、ベンガル地方の田舎だった。池のほとりを歩いていると、水の中に腰まではいって、水面に茂った水草をとって岸に上げている人がいた。近寄ってみると、赤みがかった緑色の二回の羽状複葉は、オジギソウのものとよく似ていた。ほとんどの葉が小葉を閉じていたが、中には開いているものもあった。触れてみて驚いた。オジギソウのようにさっと葉を閉じてみせたのである。

そのミズオジギソウを二度目に見たのはタイの市場だったが、そのときも驚いた。タイの人たちはその葉と茎を食べていたからである。Phak krachet（パッカチェ と聞こえる）と呼ばれ、立派な野菜として市場に並べられ、売られているのである。ベンガルで池からミズオジギソウを上げていたのは何のためだったのだろう。食べるためだとは思えなかったが、きっと繁茂しすぎた水草を取り除いていただけなのだろう。インドでは収斂剤や清涼剤として使われると本にはあるが、野菜として食べることは、友人たちに聞いても、どうやらないようである。

ミズオジギソウ〔マメ科〕
Neptunia oleracea
（ベ）Pānilājak, Pānilajjābatī
（英）Water mimosa

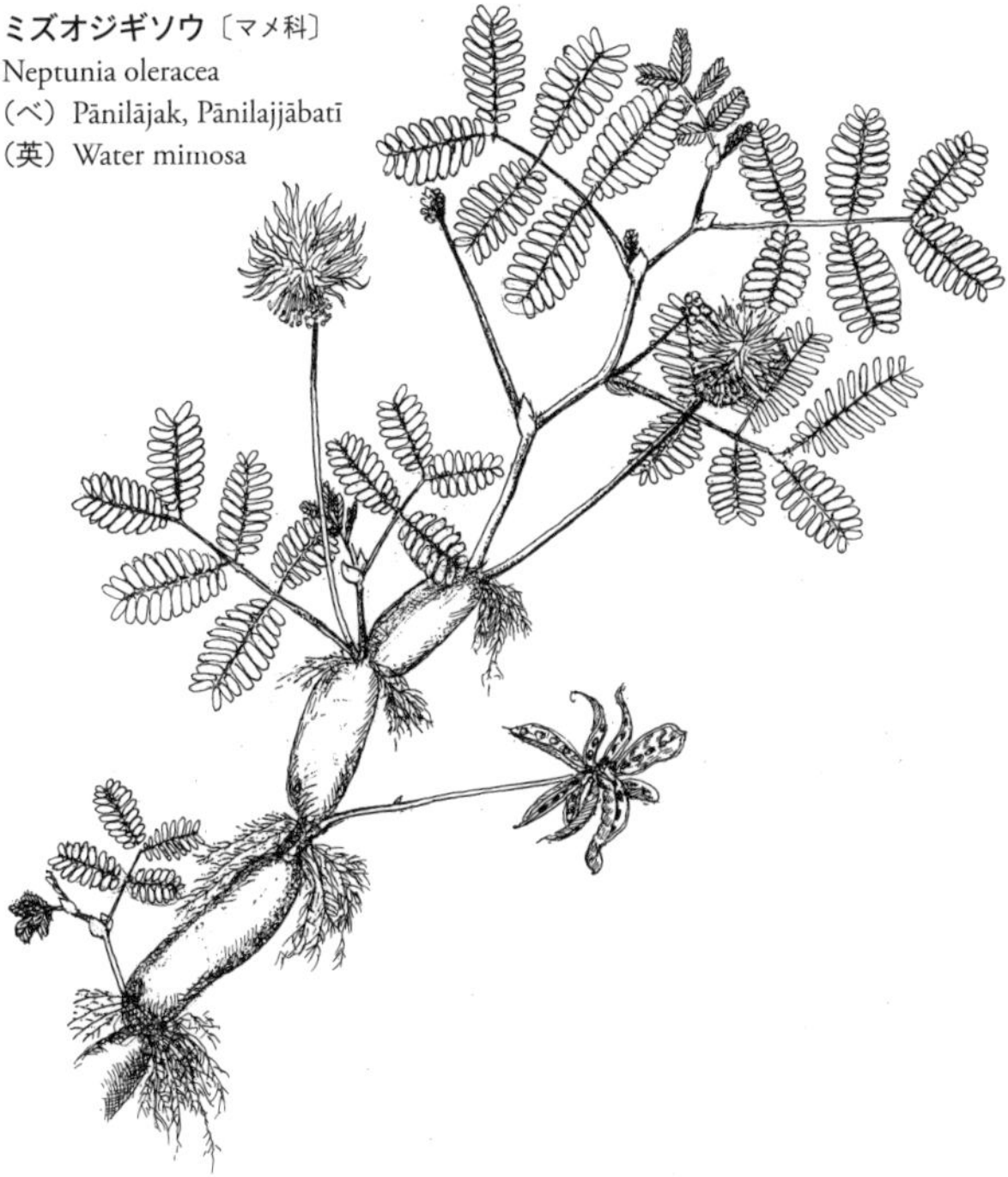

▶茎に白色海綿質の気嚢をもち水面に浮かぶ水生植物。葉は２回羽状複葉をなし，オジギソウのように触れると閉じる。花は黄色で頭状花序につき，小さな花冠は放射相称で蝶形花ではない。長さ２～３㎝の扁平なさやをつける。

触ると葉を閉じる草といえばもう一種、カタバミ科のオサバカタバミという植物を南インドで見た。羽状複葉をつける小さな草で、カタバミに似た黄色い花をつけていたが、カタバミ科の植物にも触ると葉を閉じるものがあることを知らなかった私は、そのときはもっと驚いた。その後、ベンガルの野でも、水しぶきがかかるような水路のわきに、オサバカタバミが生えているのを目撃した。

末熟果をカレーの具に

ミミイチジク

九月の終わりごろ、雨期が終わってまだまもない青空には、白いちぎれ雲が飛んでいる。いつもお世話になるベンガル人の家の末息子とバザールに出かけた。ヘビウリやポトル、ニガウリなど、五、六月ごろから見る野菜に加えて、ナスが出回りはじめた。またインドクワズイモやゾウコンニャク、タロイモの類がたくさん並んでいる。バザールの外れの道端で、自分の家の庭先で摘んできたと思われるヌマキクナの束をざるに並べて売っている人がいた。そのわきのざるの底に手のひら一杯分ぐらいの、緑色をした小さな丸い実があった。未熟のミミイチジクの実である。

この木は農家の庭の隅っこや道端、空地など捨てやられたような場所によく生えている。高さ三メートル前後の小木で、鋸歯のある長さ一五～三〇センチメートルの大きなざらざらした葉を間伸びした枝の先の方にむらがりつけているが、そういう所のミミイチジクの葉は、いつも土ぼこりがかかってきたない印象がある。だが人目を引くのはその実のつきかただ。枝の細い所や幹の太い所に、直径二センチメートル前後の球形の実がぎっしりとついている様は、ちょっと異様な感じがする。果実はイチジク同様、花托が袋状に肥大したもので、内部に無数の微細な花を含んでいる。熟れると黄色くなる。

このミミイチジクの青い未熟果をカレーの具にするのだ。ざるの中の商品の実も、きっと庭先あたりにあったのを摘んできたのだろう。その実を見て、ずっと以前に食べたカレーにしたウドンゲノキの実の柔らかい舌触りを思い出した。コルカタの郊外にいたころ、隣のおばさんが、ウドンゲノキの実を煮込んでいる鍋から少し分けて食べさせてくれたのだが、味のほうは癖がなくてさっぱりしていたのを覚えている。ウドンゲノキのほうはベンガル語でジョッゴ・ドゥムル、ヒンディー語でウマールとかグラール、ミミイチジクをベンガル語でカーク・ドゥムルと呼んでいる。これらは家庭でしか食べられない。

ミミイチジクもウドンゲノキもどちらもイチジク属で、未熟果を野菜として料理に使うのだが、私はこのミミイチジクのほうはまだ食べたことがなかった。ざるにあったのを全部買って帰り、さっそく友人のお母さんに料理してもらった。

カレーになったミミイチジクは、他の野菜のすき間にかくれて、探さないとなかなか見つからなかったが、食べてみると、やはり柔らかくて舌にとろけるようだった。

ミミイチジク〔クワ科〕

Ficus hispida
（ヒ）Kaṭhgūlar, Goblā, Kagśā, Kalāumbar
（ベ）Kak-ḍumur, ḍumur
（英）Hairy fig

▶インド，中国南部，オーストラリア北部。常緑の小高木。樹皮は平滑で灰褐色。小枝やひこばえは太く中空。葉は対生。葉身長さ7～10㎝，葉柄ともに剛毛多い。側面に耳状突起をもつイチジク状果が複数まとまって総状につく。

乳飲み子をもつ女性は、この実を食べると乳の出がよくなるといわれ、また胎児を守る力があるともいわれている。

鳥がミミイチジクの実を好んで食べ、種子が糞とともに排出されるので、あちこちに芽を出している。成長は早く、二、三年で実をつけるようになる。

サンドペーパーのように裏がざらざらした大きな葉は、村の女性たちが鍋底などをこすり洗いするのにちょうほうしている。

インドのせっけん

ムクロジ

子どものころ数年過ごした九州には、ムクロジの木があった。ムクロジの実のもつ不思議な美しさと楽しい感じを、今も覚えている。透けるような黄褐色の果皮に包まれた小さな空間には、くろぐろとした大きな種子が一個おさまっている。その果皮と種子の対比がなんとも不思議で美しいと思った。そのにかわのようなしわのある皮を水につけて手でもみ、泡立つのをせっけんだといって遊んだ遠い記憶がよみがえる。

おとなになってムクロジに再会したのは、インドへ行ってからである。染色を勉強していた友人の部屋を久しぶりに訪ねると、バケツにムクロジの実をいっぱい入れて水でふやかしていた。しわのある透けるような黄褐色の皮を見て、私はなつかしい気がした。友人はろうけつ染めにする絹の布地を、それで洗うのだといっていた。インドでは、ムクロジの実はせっけんとして高級なウールのショールや絹などを洗うのによく使われ、市場の雑貨屋でも売られている。植物染料などで染められたデリケートな色や、手の込んだ刺繍など、退色させたくないものを洗濯するにはムクロジがよいといわれているのだ。果皮はサポニンを多く含んでいる。

また、インドの女性たちはムクロジの実の皮を洗髪にもちいた。長くてつやのある黒髪の美しさを保つために、女性たちはそうとうの神経を払っている。短い髪なら、また下から新しいのが生えてくるが、長い髪は常々の手入れが肝要。そうでないと、長期間インドの強烈な光や乾燥した空気にさらされる先の方は傷んでしまう。ムクロジの実は油分を過度に取り除かず、髪をしっとりとたもち、ふけの予防にもよいといわれ、人によっては、この果実の皮をベースにミロバラン（カリロク）やウコン（ターメリック）、ココナッツのパルプなどを混ぜて専用のシャンプーを作るという。こういう話を聞いて私もムクロジの実で頭を洗ってみたことがあるのだが、これは人には勧められないと思った。その泡がちょっとでも眼にはいると、痛くてしばらく眼が開けられなくなるのだ。

属名の Sapindus は Sapo（せっけん）+ Indus（インドの）からきており、インドでのムクロジの用途をよく表している。サンスクリット名の Phenila も「泡立った」という意味である。

ムクロジ〔ムクロジ科〕
Sapindus mukorossi
（ヒ）Rīṭhā, Arīṭhā
（ベ）Riṭhā
（サ）Phenila, Ariṣṭaka
（英）Soap nut tree

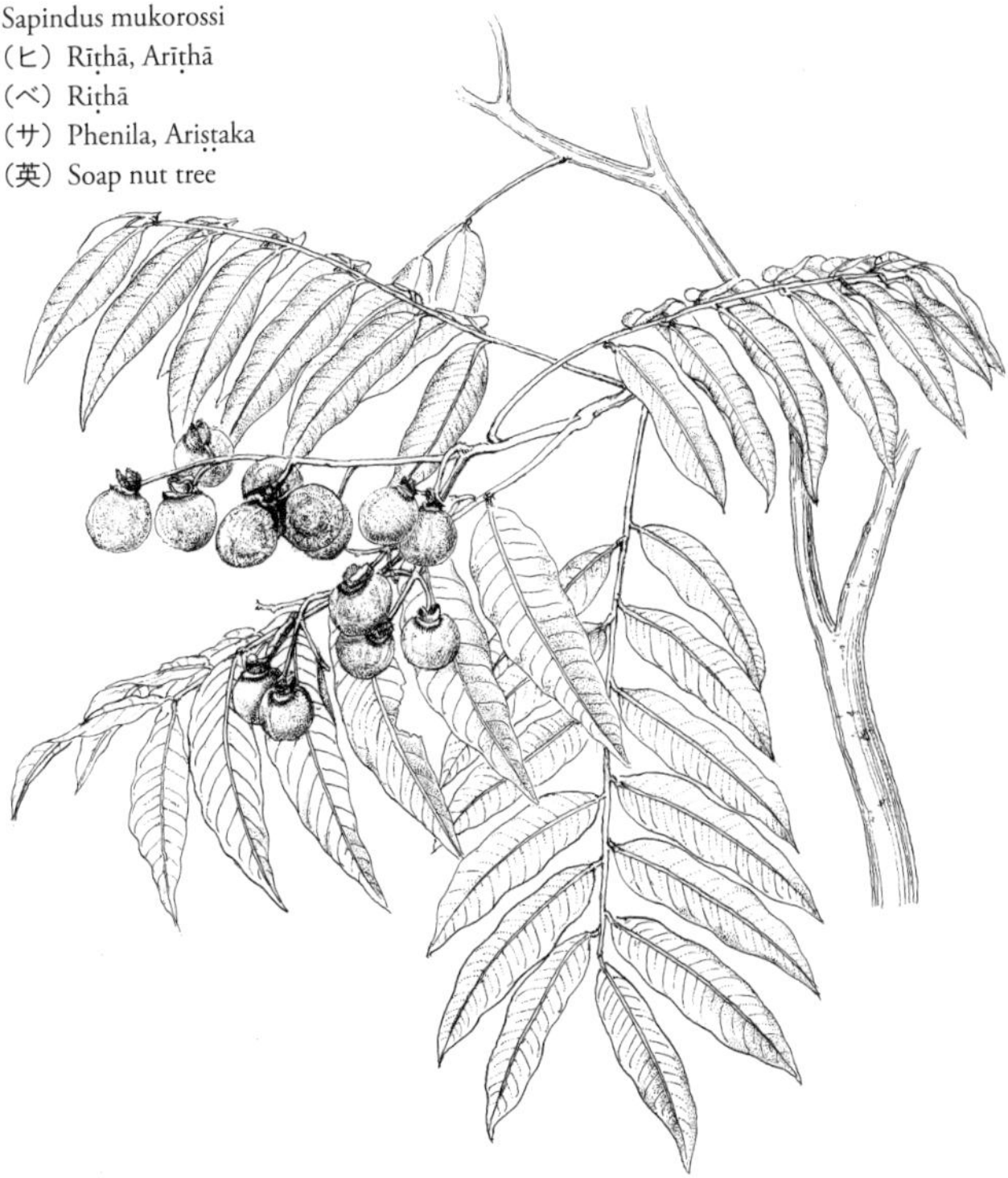

▶インドからインドシナ半島，中国から台湾，日本南部に分布する落葉中高木。葉は全縁で，長楕円形から披針形の小葉6～11対からなる偶数羽状複葉。果実は径2～2.5㎝の球形で，半透明の琥珀色の果皮の中に1個の黒く大きな種子がある。

種子からとれる粘性の高いオイルは激しい嘔吐を催し、毒性があるが、アーユルヴェーダの薬として、慢性の下痢やコレラの処方にも使われるという。

日本では、このムクロジの黒い種子は羽根突きの羽根の先につけられるので、見たことのない人はいないと思う。

インドではこのムクロジは広く栽培されている。とくに、シルクや野蚕のタッサーシルクの布を織る織師の村には多い。樹高二〇メートルにもなる落葉高木。葉は羽状複葉で大きく、初夏に薄黄緑色の小花を円錐花序につける。

運命を書き記すペン

ムンジャソウ

ベンガルの村では、子どもが誕生するとその日を含めて七日目の夜に、枕元にムンジャソウの穂茎のペンと、オオギヤシの葉を長方形に切った短冊、インクびんを置いて眠りにつかせる。セテラという習慣だそうだ。夜のうちにヴィダーター（創造主）が降りてきて、その子の運命を書き記していくというのである。その書き付けられた運命はだれにも変えることができない。

そういえば、ベンガルの人は、不幸なことが身に降りかかったとき、よくこういう。

「ビダタル レコン ジャエ ナ コンドン（ヴィダーターの書き付けは変えられない）。」

そして、身に降りかかった取り返しのつかない不幸な出来事を運命と受け止め、悔やんでばかりいないで、その不運を運命と受け止め、飲み込もうとするのである。私はふと、こう思った。日ごろの暮らしのなかの儀式をとおして、みながこのような考えを自然と受け入れ、共有している。そういう人の群れがかもしだす精神的な環境が、何事をも前向きに受け止めて明るく生きようとするインド人の積極性の背景になっているのかもしれない

――と。

このムンジャソウという植物は、パンパスグラスに似た大形のイネ科草本で、その茎が古くからペンに用いられていたことは聞いていたが、運命の神さままでもが人の運命を書き付けるのにムンジャソウの茎を使うとは……。私は、インドの田舎の道端や荒れ野に生える、ススキのお化けのような、がさつなムンジャソウを見直した。

堅くて真っすぐなムンジャソウの穂の茎は、先住民族のサンタル族のあいだでは矢に使われる。また、じょうぶなムンジャソウの茎は、十数本ずつ束にして、土造りの二階屋の床にも使われる。

ムンジャソウは、十月後半から十一月前半の闇夜に行なわれるカーリー女神の祭りが終わり、暑さも和らいで、朝夕に涼風が立つようになるころ、穂を出しはじめる。穂は高さが二～四メートルもあって、それが野の道端や鉄道のわきに一度に出そろうとなかなかみごとだ。乾いたムンジャソウの穂はひじょうによく燃え、カーリー祭の熱気がまだ冷めやらないいたずらっ子たちが、野のムンジャソウの穂に火をつけて歓声をあげている。

ムンジャソウ〔イネ科〕

Saccharum munja Roxb., S. sara Roxb.,
S. bergalense Retz.
（ヒ）Sar, Muṃja
（ベ）Śar, Muñcha
（サ）Muñja, Śara

▶高さ 5 m くらいの多年性草本。稈径 12㎜。淡黄褐色。稈上部の葉は葉鞘部が花序の下部まで包み，葉身部は長さ 22 ～ 70㎝幅 5 ～ 10㎜。稈下部の葉は長さ 2 ～ 2.4m 幅 25㎜くらい。穂は晩秋に出，淡黄白色（ときに赤紫色）で長さ 30 ～ 90㎝。

ムンジャソウはサトウキビと同属の多年草で、ベンガル語ではショル、ヒンディー語ではシャルと呼ばれている。日本語名のムンジャソウはサンスクリット名のムンジャからきている。葉は長さ一、二メートルくらい、幅は一、二センチメートルあり、縁にはススキの葉のように触ると手が切れそうな鋭いギザギザがある。

千のマツリカ

ヤエザキクサギ

草木染めをしていた友人がクサギの実を集めていた。クサギの実で絹を染めると美しい浅黄色になるというのだ。

「見つけたら集めておいて」と私も頼まれた。だが、葉を落としはじめた秋の林でいざクサギの実に出会うと、それがあまりにもきれいなので取るにしのびなくなり、たいてい手ぶらで帰ってしまうのだった。赤いがくの上に藍色の玉を載せたクサギの実はブローチのように美しい。

インドでもクサギの仲間をよく目にした。クサギの仲間には、花やがく、果実が美しく人目を引くものが多い。赤いがくと白い花冠の対比が鮮やかなゲンペイカズラもクサギ属である。日本では冬は室内に入れなくてはならないのに、インドでは庭の木にからんで屋根より高く育っていたりする。また、春にはゲントゥ（Clerodendrum infortunatum）と呼ばれるクサギ属の植物が、白い花で村の道を飾る。このゲントゥという植物は噛むと苦く、いろいろな薬効があるが、とくに皮膚病に効くというので、皮膚病から守る神さまとして、村の女の人たちから拝まれている。種子島や沖縄にあるイボタクサギもインドの海岸に近い地方でよく見かける。これも薬用とされ、若い葉や花は食用とされる。

ベンガル地方では、ゲントゥのほか、ヤエザキクサギというのをよく見かけた。その名のとおり、八重咲きの白い花が茎の頂に、まるでブーケのようにいくつも寄り集まって咲く。その花は一見、クサギの仲間のようには見えない。

ベンガル語でこれをハジャリ・ベリ（千のマツリカ）と呼んでいた。なるほど、よく見ると花の一つひとつは八重咲きのベリ（マツリカ）のようであり、よいにおいもして、そう呼ばれる訳もわかる。

ヤエザキクサギは人里近い少し湿り気のあるような所によく生えていた。野生種にしてはやけに装飾的だ。栽培されていたものが逃げ出して野性化したものだといわれる。しかし、私はこの花を見るたびに、いくぶん自分の審美感に自信が持てなくなって「これって、きれいかい？」と人に聞きたくなるのだった。玉のように集まった花序の一輪を見れば、白い花弁の縁にはほのかに赤みもさして確かにきれいなのだが、それがあまりにぐっちゃりと密に寄り集まっているので、丸めたちり紙のように見えてしまう。そして、必ずその中に数輪、盛りをすぎて茶色く変色した古い花がはさまっているのだ。ベンガル地方では、

ヤエザキクサギ〔クマツヅラ科〕
Clerodendrum chinense
（ベ）Hājār beli, Kañcan bhā̃t
（英）Chinese glory bower, Honolulu rose

▶高さ1m前後の常緑小木。葉は長さ6～15㎝の円形でまばらに鋸歯があり，急鋭尖頭で基部はやや心脚か切脚。直径2 cm くらいの八重咲の花が，枝先に10数個まとまって集散花序につく。花はピンクがかった白で芳香がある。

わざわざこれを庭に植える人もいない。やはり、ほかの人もこの花を見て私と同じような気持ちにさせられるのだろうか。きれいなようでもあり、そうでもないようなこの花も、根はゲントゥと同様、皮膚病の薬になる。

しかし、近年このヤエザキクサギを見かけることは、まったくなくなってしまった。みながあまりに粗末にしたからだろうか。見かけなくなってしまってから、「いや、あの花も美しかった」と思うのは、私だけだろうか。

ナザルよけ

ライム

インドの食堂で食事をすると、ご飯を盛った大きな皿の隅に、たいてい塩の小山と青唐辛子、それに半月形に切られたライムが数切れ添えられてくる。ご飯にしぼってかけてもいいし、コップの水にしぼってもいい。水にこのライムをしぼっただけでもおいしいし、それになんとなく酸で殺菌されたような気がして、安心して飲めるのだ。

インドのライムには丸いのと楕円形の二種類がある。丸いのは皮が薄く黄緑色から黄色で直径三・五～五センチメートル、ベンガルではパティ・レブー（在来種の小粒のライム）と呼んでいた。楕円形の種類のほうは緑色で前者よりやや大きく、皮も少々厚め。レモンのようなさわやかな香気がある。こちらはカグジ・レブー（厚皮のライム）と呼んでいた。

ビハール州のドゥムカー近くの村を歩いていたとき、一軒の農家の戸口のわきに、丸いパティ・レブーと干からびた小魚の頭が藁で縛ってぶらさげられているのを見た。私は、日本でも子どものころ、節分の日にヒイラギの木枝にいわしの頭を刺して戸口につけていたのを思い出した。村の人に聞いてみると、ナザル（サターンや邪悪な者の視線）をよけるためのものだという。

南インドのマドラス（現チェンナイ）でも商店の軒先にこの丸いライムが唐辛子などといっしょにくす玉のように五色の糸できれいに縛られてつるされているのを見たことがある。これもやはりナザルをよけるためのものだそうだが、あまりきれいなのでかえって目を引いてしまうのではないかと思った。新しい家を新築したり、また畑のカボチャやユウガオのつるにりっぱな実がなったりしたときは、ナザルをよけるために、よく、ぼろ靴や割れ鍋などがつるされる。唐辛子はなんとなくその役回りにふさわしいように思うのだが、この丸くてかわいいライムがそれらと同じ役回りをさせられているのは、ちょっと気に食わない。タクシーやバスのフロントグラスにも、このナザルよけがつるされている。

ベンガルでは唐辛子と同じく、人にライムをあげるときは、手渡ししてはいけないといわれている。それは絶交のしるしとなるので、人にあげるときは、手渡しせずにそっとわきに置くのだそうだ。

しかし、暑い日照りのなかを歩いて、町外れの友だちの家にたどりついたとき、出されたあのライムをしぼった冷たい水は、何よりもありがたいものだった。

ライム〔ミカン科〕
Citrus aurantiifolia
（ヒ）Kāgjī nīṃbū
（ベ）Lebu, Nebu
（英）Lime

▶インド北東部原産。高さ3～4mのとげのある小高木。葉は楕円形で細長い翼葉の先につき，縁に鈍鋸歯がある。花は4～5弁で白。香りがよい。果実は黄緑色から黄色で径3～4.5㎝の球形，わずかな乳頭突起があるものもある。

南国への憧れ

ルリマツリとインドマツリとアカマツリ

ルリマツリを初めて見たのは高校生のころだっただろうか。最近では夏の鉢物として花屋の店先に並べられているが、そのころは温室にでも行かないと見られない花だった。ブルーの薄い花冠は下の方が細い筒形をし、上部で五弁に分かれている。その花の形がまるで絵に描いたようにきちんとしているので、造り物の花でも見ているような気がしたが、それにしても花冠はあまりに薄くデリケートで、ちょっと強く触っただけでつぶれてしまいそうなのである。あの美しい空色は、私に南国への憧れを呼び起こすのだった。

インドへ行ってまもないころ、花好きのベンガル語の先生の庭で、ルリマツリに再会した。入り口のわきに植えられたそのルリマツリは、訪ねる人を歓迎するようにたわわに花のついた枝を突き出していたが、南国の大地にしっかりと根を張って、かつて見た温室のルリマツリとはちがい、ずいぶん精力的に見えた。

インドの野には、白い花を咲かせるルリマツリと同属のインドマツリという種が自生している。西ベンガル州、ムルシダバード県にあるショナルンディという古い城下町に住んでいたころ、崩れた城壁に囲まれた空地のやぶにこのインドマツリがたくさん生えていて、インドのおだやかな冬の日差しの下で細い枝先に真っ白い星のような花を咲かせていた。ルリマツリにくらべれば、花も小さくて地味だが、雑草と言い切ってしまうには捨てがたい美しさがある。村の人はその小さな灌木をベンガル語でチタと呼んでいた。チタは苦くてヤギが食わないので、ヤギの侵入を防ぐためによく畑の生垣に使うそうである。

その村で代々機織りをしているショスティ君の家では、つい数年前まで、雨季の初めにインドマツリの葉を取ってきてすりつぶし、その汁で額に緑の印（ティーカー）をつけるのを慣わしにしていた。そうすることによって、長い雨季のあいだ腹壊しをしないで過ごすことができるというのである。このインドマツリはアーユルヴェーダの薬草として古くから知られ、その根は腹壊しや食欲増進によいといわれている。また、すり下ろして酢とミルクまたは塩で練って皮膚病やハンセン病の外用薬にされてきた。また、体脂肪を減らすのにも有効だといわれている。今でこそ、彼の村ではインドマツリの葉汁のティーカーの習慣を守る人は少なくなってしまったが、彼の祖母の年代の人のなかには続けている人もいるという。こうした周りに生える木や草たちと人びととの心の結び付きからくる行いはたわいなくて楽しく、また自然に対する畏敬の念を深めてくれるものでもあるが、どこ

②

①

①▶南アメリカ原産。高さ 3m くらいの常緑小高木。葉は長さ 3 〜 5 ㎝の長楕円状へら形。花冠は青色で高盆形。舷部径 2.5㎝。がくに粘着性の柔毛がある。

②▶熱帯アジア，アフリカ，オーストラリア，ハワイに分布する高さ 1m くらいの常緑の小木。葉は長さ 6 〜 9㎝の卵形。花冠は高盆形の白色で舷部の径 15㎜くらい。がくに粘りのある腺毛がある。

③▶インド東部から東南アジア。高さ 1 m くらいの小木。葉は長さ 10㎝くらいの卵状楕円形。花冠は赤から赤紫色で花筒部の長さ 25㎜くらい。がくに粘着性の柔毛がある。

①ルリマツリ〔イソマツ科〕
Plumbago auriculata, P. capensis
（ベ）Nīl Citā

②インドマツリ
（セイロンマツリ）〔イソマツ科〕
P. zeylanica
（ヒ）Cītā, Citra
（ベ）Citā
（サ）Citraka

③アカマツリ〔イソマツ科〕
P. indica
（ヒ）Lāl Citā
（ベ）Rakta citā
（サ）Rakta citra

③

でも急速に忘れ去られていくことは残念である。

このインドマツリのほか、インドには赤い花をつけるアカマツリという植物がある、こちらは赤くて美しい花をつけ、薬用としても白花のインドマツリより薬効が高いという。

私も、七年ほど前に鉢植えのルリマツリを買い、玄関脇に植えた。それが今では戸口に覆いかぶさるように大きくなって、夏には枝がたわむほど花が咲き、その下をくぐって出入りしなければならないようになる。冬越しの覆いなどもしないのに、東京で平気で育っているのは、やはり都会のヒートアイランド現象のせいだろう。ルリマツリやその仲間のがくにはねばつく繊毛があって、何にでもよくくっつく。家を出るとき、よく、気づかずに青い花を二、三輪頭に付けたまま外出してまうことがあるが、はた目には、さぞおめでたい人に見えることだろう。

食べ応えのない感じ

レンブ

この実に出会ったのは、インドへ行ってまだまもないころだった。日の照りつける暑い町中を歩いていると、道端の果物売りの屋台にこのレンブの実が、うずたかく積まれていた。くらげのような、宇宙人の頭のような不思議なかっこうをして、蠟のように透きとおった淡い緑色をしている。その形と色つやは、初めて見る人に、食べてみようかな、という気持ちを起こさせるのにじゅうぶん魅力的であった。

そこで、数個買って食べてみたのだが、そのときの期待を裏切るような、すかすかとしたなんとも食べ応えのない感じは、今も頭に残っている。甘くもないし、酸っぱくもない。わずかな甘味とわずかな酸味、それと、ほのかな香りと汁気があるだけだった。だがその物足りなさがかえって、暑い道を歩いたあとの渇いたのどには、心地よかった。

食べるという行為は、それを摂取する前に、あらかた頭脳で受け入れ態勢をとっているからおいしいと思うのだな、と気づかされることがある。麦茶と思ってアップルジュースを飲んだときなど、思わず吐き出しそうになるものだ。初めての物を食べるときも、受け入れ態勢ができていないというだけで、おいしい物を拒絶してしまうことがある。私はその後、なにかさっぱりした物が食べたいと思うときには、このレンブの実を楽しむようになった。

この果樹はマレー半島およびアンダマン諸島の原産といわれる。高さは一〇～一八メートル。四枚のがくと四枚の白い花弁のある花は、多数のしべが房のように伸び出し、美しい。マレー半島には桃色をしたやや小型の実をつける物があるが、白から薄緑の物より酸味に欠ける。

インドのベンガル地方でも、よくこの木が庭に植えられているのを見かける。友人の家の池のわきにも、この木の大きいのがあって、毎年たくさん実をつけていた。食い意地の張った近所の子どもたちも、あまりこの実には目の色を変えることがなく、夢中になって棒で実を落とそうとしていたのは、私ぐらいのものだった。本には、そのまま食べるより、塩水や砂糖水にしばらく浸しておいてから食べるとおいしいと書いてあった。

レンブ，オオフトモモ〔フトモモ科〕

Syzygium samarangense

（ヒ）Jamrul

（ベ）Jāmrul

（サ）Wax jambu, Wax apple, Java apple

▶常緑高木。葉はつやがあり，長さ 15 ～ 25㎝の楕円形全縁で基部はやや心形。対生で，葉柄はほとんどない。葉に芳香がある。花は集散花序につき、花弁 4 枚白色から淡黄色で径 3 ～ 5 ㎜，多数の長い雄しべが目立つ。果実はつぶれた洋ナシ形で長さ 3 ～ 5 ㎝。

Bisvas kalipada., *Bharatiya Banousadhi* (Bengali), Calucutta University Press, Calcutta, 1950

Bisvas Sivakali., *Ciranjiv Banousadhi* (Bengali), Ananda Publishers Private Limited, Calcutta, 1979

Brandis D, *Indian Trees*, London, 1921. (reprint, International Book Distributors, Dehra Dun 1984)

Chopra R.N., Nayar S.L., Chopra I.C., *Glossary of lindian Medicinal Plants*, Council of Scientific & Industurial Research, New Delhi, 1956

Cowen D.V., *Flowering trees & Shrubs in India*, Thakur & Co., Ltd., Bombay, 1970

C.Thakur, *Weed Sciense*, Metropolitan Book Co., Pvt. Ltd., New Delhi, 1984

Drury H., *Hand-Book of The Indian Flora*, 1864. (reprint, Bishen Singh Mahendra Pal Singh, Dehra Dun, 1982)

Gupta S.M., *Plant Myths and Traditions in India*, E.J.Brill, Leiden, Netherlands, 1971

Hodd T. and P., *Grasses of Western India*, Bombay Natural History Society, Bombay, 1982

Hooker J.D., *Flora of British India*, 1872-1875, (reprint, Bishen, Singh Mahendra Pal Singh, Dehra Dun, 1987)

K.S. Mhaskar, E.Blatter, J. F. Caius, *Indian Medicinal Plants*, Sri Satguru Publications a division of Indian Books Center, Delhi, 2000

Noaz Somesh Ahmed, *Wild Flowers of Bangladesh*, The University Press Limited, Dhaka, 1997

N.L. Bor and M.B. Raizada, *Some Beautiful Indian Climbers and Shrubs*, Bombay National History Society, Oxford University press Bombay, 1982

P. Sensarma, *Plants in Indian Puranas*, Naya Prokash, Calcutta,1989

Santapaw H., *Sadharana vriksya* (Bengali), National book trust, New Delhi, 1966

Vettam Mani, *Puranic Encyclopedia*, Motilal Banarsidass, Delhi, 1974

Vidyabhusan A. *Udbhid Abhidhan* (Bengali), Sahityalok, Calcutta, 1981

参考文献

E・J・H・コーナー、渡辺清彦 『図説熱帯植物集成』 廣川書店 1978

伊藤道人編 『週刊朝日百科・世界の植物』 朝日新聞社 1978

岩佐俊吉 『東南アジアの果樹』 農林省熱帯農業研究センター
農林統計協会刊 1974

岩佐俊吉 『熱帯の有用作物』 農林省熱帯農業研究センター
農林統計協会刊 1975

岩佐俊吉 『熱帯の園芸作物―第一部バングラデシュの野菜』
国際農林業協力協会 1984

荻原雲来編纂 財団法人鈴木学術財団編 『梵和大辞典』 講談社 1987

北村四郎 『北村四郎選集二・本草の植物』 保育社 1985

菅沼晃編 『インド神話伝説辞典』 東京堂出版 1985

相賀徹夫編著 『園芸植物大事典』 小学館 1990

田辺繁子訳 『マヌ法典』 岩波文庫 1980

谷口晋吉 「一九世紀初頭北部ベンガルの洋式藍業」『一橋論叢』87-5 629-645 頁
1982

中尾佐助・西岡京治 『ブータンの花』 朝日新聞社 1984 ／新版 北海道新聞社 2011

中里成章 「ベンガル藍一揆をめぐって―１イギリス植民地主義とベンガル農民」
東洋文化研究所紀要 83 巻 61-151 頁 1981-2

中村元 『仏教植物散策』 東京書籍 1986

中村元 『ブッダ伝 生涯と思想』 角川ソフィア文庫 2015

中村 元訳 『ブッダのことば スッタニパータ』 岩波文庫 1984

中村三八夫 『世界果樹図説』 農業図書株式会社 1978

熱帯植物研究会編 『熱帯植物要覧』 養賢堂 1986

堀田満編 『世界有用植物事典』 平凡社 1989

山崎和樹 『藍染の絵本』 農山漁村文化協会 2008

和久博隆編著 『仏教植物事典』 国書刊行会 1982

学名索引

ヤ▶ヨ

ラ▶ロ

ワ

マ▶モ

ナ▶ノ

ハ▶ホ

サ▶ソ

タ▶ト

植物名索引（五十音順）

太字は図版ページを示します。★印のものには別名があります。

ア▶オ

カ▶コ

おわりに

『インド花綴り』シリーズのすべての項目は月刊誌『インド通信』に連載した「インドの植物」がもとになっています。長期にわたって執筆を許してくださった『インド通信』の松岡環さん、臼田わか子さん、関口真理さん、小磯千尋さんには今もなお感謝しております。植物に限らず、インドの昔話や放浪の語り絵師ポトゥアの話など、多方面にとりとめなく興味をひかれていた私にとって『インド通信』は、思うところをのびのびと書ける、ありがたい誌面でした。同誌に連載を勧めてくださった臼田雅之さん、わか子さんのおふたりにはとくに感謝しております。おっくうがりだが始めると引き時が分からなくなる私にとって、書きはじめたことがすべての始まりとなり、よいことだったと、今となって思うのです。

それらの原稿をもとに、一連の『インド花綴り』というシリーズ本として出版してくださった木犀社の遠藤真広さん、関宏子さん、また本を魅力的なものに仕上げてくださった装幀の菊地信義さんに感謝いたします。

また、植物学的記述などで貴重な助言や訂正をいただいた森弦一さんや、コルカタのボタニカル・ガーデンのオボイ・バッタチャリアさんに謝意を表します。

二〇二〇年九月二〇日　西岡直樹

著者略歴

1946年、宮崎県に生まれる。宇都宮大学農学部卒業。1973年から78年まで、インド西ベンガル州のビッショ・バロティー大学（タゴール国際大学）、コルカタのジャドブプル大学ベンガル語学科に留学。その間、村々を巡り、民話の収集、植物の観察をする。1989年から西ベンガル州ビルブム県の村に植物染色・織・縫製の工房を西岡由利子と共に設立、以後毎年長期滞在する。著書に『インド花綴り』『続・インド花綴り』『定本 インド花綴り』（木犀社）、『インドの樹、ベンガルの大地』（講談社文庫）、『インド動物ものがたり』『サラソウジュの木の下で——インド植物ものがたり』『花みちくさ』（平凡社）、『サンタルのもりのおおきなき』月刊「こどものとも絵本」2014年11月（福音館書店）などのほか、共著に『インドの昔話』（春秋社）、『仏教植物散策』（東京書籍）、訳書に『ネパール・インドの聖なる植物』（八坂書房）、サタジット・レイ著『黄金の城塞』『消えた象神』（くもん出版）などがある。

とっておき インド花《はな》綴《つづ》り

二〇二〇年一一月一五日——第一刷発行

西岡直樹《にしおかなおき》——著者（絵と文）
菊地信義——装幀者
関 宏子——編集者
遠藤真広——発行者
木犀社（もくせいしゃ）——発行所
長野県松本市浅間温泉二-一-二〇
電話〇二六三-八八-六八五二
信毎書籍印刷——印刷所
渋谷文泉閣——製本所

ISBN978-4-89618-070-1 C0095

インドの本　好評既刊
定価は本体価格（税別）

黒帯、インドを行く
三浦　守

コメディアンの付き人だった著者が、新世界を求めて目指したのはインド。思いがけず柔道コーチを引き受けたことから、抱腹絶倒のドラマが始まる。のちに日印友好協会を設立し、「アジア小路」を営む著者の青春放浪記。

1900円

バナーラスの赤い花環
上田恭子

インド、バナーラス（ベナレス）で出会ったミニアチュール絵画の心惹かれる赤の魅力は、心温まるかたわらの人びとに似る。匂い立つばかりに綴られる、ガンジスの水に浮かぶ古都の日々。細密画カラー8頁。

2100円

つい昨日のインド
1968―1988
渡辺建夫

めくるめく「インドの時代」を生きた若者たちの記録。クリシュナのように愛された友の孤独な死。ひとり過ごした瞑想の日々、集い合った黄金の時間が語られ、時代の検証へと向かう。

2300円

ムスリムの女たちのインド〈増補新版〉
柴原三貴子

憧れのインドで魂を奪われた、小さな村に住むムスリムの女たち。その胸に抱かれて暮らした灼熱の日々を綴るアルバム。ひたすらに生きる女たちの姿を間近にとらえる。初版刊行から七年、自身ムスリムの女、母となり、固い絆で結ばれる。カラー24頁。　2500円

インド櫻子ひとり旅
芸術の大地
阿部櫻子

女たちの育む美の世界に魅せられ、ひとり大地を行く。楽園に心の闇を映すミティラーの民俗画、まばゆい白さに孤独な魂をこめるサルグジャの土人形、針の痛みに命を託す先住民バイガの入れ墨。カラー16頁。　2500円

カラムカリ・アーティスト
インド手描き染色布をめぐる語り
松村恵里

「アーティスト」にこめられた思いからひもとく、インドの伝統工芸カラムカリのつくり手たちの世界。つくり手でもある著者の、独自性を生かした考察。技術習得過程の写真や、多様化する製作者たちの作品をカラーで多数掲載。　4600円